数据科学与大数据技术系列

数据挖掘算法与 R 语言实现

肖海军　胡　鹏　编著

电子工业出版社
Publishing House of Electronics Industry
北京·BEIJING

内 容 简 介

本书在介绍 R 软件基本功能的基础上,介绍了数据挖掘十大经典算法的基本原理及相应的 R 语言实现范例,旨在使读者能够仿照范例快速掌握大数据分析的方法,从高维海量数据中挖掘有用的信息,使用合适的数据挖掘算法,解决实际问题。全书内容共 12 章,分别介绍 R 软件的使用方法、C4.5 算法、k-means 算法、CART 算法、Apriori 算法、EM 算法、PageRank 算法、AdaBoost 算法、kNN 算法、Naive Bayes 算法、SVM 算法及各算法的案例分析。本书理论部分简单明了,所有程序均经过 R 软件实际运行。本书各章自成体系,读者既可从头逐章学习,也可随意挑选自己需要的章节学习。读者可登录华信教育资源网 www.hxedu.com.cn 免费下载算法实例代码。

本书既可作为高年级本科生、研究生相关课程的教材,也可作为不同领域数据分析人员的工具书,还可作为零基础读者的自学教材。

未经许可,不得以任何方式复制或抄袭本书之部分或全部内容。
版权所有,侵权必究。

图书在版编目(CIP)数据

数据挖掘算法与 R 语言实现 / 肖海军,胡鹏编著. —北京:电子工业出版社,2018.11
ISBN 978-7-121-33937-0

I. ①数… II. ①肖… ②胡… III. ①数据采集②程序语言－程序设计 IV. ①TP274②TP312

中国版本图书馆 CIP 数据核字(2018)第 062014 号

策划编辑:秦淑灵
责任编辑:苏颖杰
印　　刷:天津嘉恒印务有限公司
装　　订:天津嘉恒印务有限公司
出版发行:电子工业出版社
　　　　　北京市海淀区万寿路 173 信箱　邮编　100036
开　　本:787×1092　1/16　印张:11.25　字数:288 千字
版　　次:2018 年 11 月第 1 版
印　　次:2019 年 5 月第 2 次印刷
定　　价:45.00 元

凡所购买电子工业出版社图书有缺损问题,请向购买书店调换。若书店售缺,请与本社发行部联系,联系及邮购电话:(010)88254888,88258888。
质量投诉请发邮件至 zlts@phei.com.cn,盗版侵权举报请发邮件至 dbqq@phei.com.cn。
本书咨询联系方式:qinshl@phei.com.cn。

致　　谢

　　本书是我们课题组在使用麻省理工学院"机器学习和统计模式识别"课程资料的基础上，以数据挖掘的 10 种算法为主线，利用自由、免费、源代码开放的统计计算和统计制图 R 软件完成算法实现，并加上案例分析等内容综合而成的。参加该课题组讨论的学生有卢常景、何凡、曹颖、王芬艳、郑志敏、陈景明、Batsukh Bayarbat(蒙古)，书中全部实验结果均由他们进行上机运行得到。如果没有他们的支持和讨论，本书是不可能完成的。他们与我们一起努力，最终为读者带来这本内容丰富、算法实现过程完整的图书。

　　此外，本书的编写还得到了中国地质大学(武汉)资源环境经济研究中心及数学与物理学院的大力支持，在此深表感谢！

编著者

2018 年 7 月

前　言

随着大数据时代的到来，各行各业的核心竞争力日益体现在数据转化为信息和知识的速度和能力上，也就是取决于数据挖掘的应用水平。近10年来，数据挖掘这一学科发展迅速，学者们在研究大量不同类型数据挖掘算法的同时，也将数据挖掘算法与机器学习等内容进行了深度融合。

当前，数据挖掘方面的著作较多，主要分为两大类：其一，具有完整体系的理论性图书；其二，面向具体应用的技术性图书。前者主要服务于科研和教学，侧重于原理的完整性，但前沿理论介绍偏少；后者则偏重于介绍解决某一领域实际问题的方法，但对具体方法鲜有经验的总结。

本书介绍的10种算法——C4.5算法、k-means算法、CART算法、Apriori算法、EM算法、PageRank算法、AdaBoost算法、kNN算法、Naive Bayes算法、SVM算法，是在中国香港举办的2006年度IEEE数据挖掘国际会议（ICDM，http://www.cs.uvm.edu/~icdm/）上与会学者遴选出来的10种经典数据挖掘算法。本书在介绍这些算法的基础上，利用自由、免费、源代码开放的统计计算和统计制图R软件介绍了各算法的实现，具有如下特色。

第一，适应学科发展，推出时间恰当。2016年2月，北京大学、对外经济贸易大学、中南大学首次成功申请到"数据科学与大数据技术"本科新专业；2017年3月第二批32所高校获批该专业；2018年3月第三批248所高校获批该专业。至此，全国共有283所高校开设了"数据科学与大数据技术"专业。该专业的学制为4年，毕业生授予工学学位或理学学位。

第二，汇集经典算法，具有较高权威性。本书内容覆盖分类、聚类、统计学习、关联分析和链接分析等数据挖掘相关算法，涉及数据挖掘、机器学习和人工智能等研究领域，必将使数据挖掘理论应用于更大范围的实际应用之中，激励更多数据挖掘领域的科研工作者探索、研究、发展这些算法的新内容。

第三，算法原理简洁，R语言实现完整。本书通过算法简介、算法基本原理、算法的R语言实现及小结等内容，简单明了地讲解了数据挖掘的10种算法，将利用R语言实现算法的具体过程完整地呈现给读者，使读者在熟练掌握理论知识的同时，快速获得解决实际问题的技巧，提升职业能力。读者可登录华信教育资源网 www.hxedu.com.cn 免费下载算法实例代码。

希望通过本书介绍这10种经典算法及其R语言实现，能够有助于推动数据挖掘领域的研究与发展。

由于编著者水平所限，书中难免有错误和不当之处，敬请读者批评指正。

编著者

目 录

第 1 章 R 软件的使用方法 ··· 1
1.1 R 软件介绍和安装 ··· 1
1.1.1 R 软件介绍 ··· 1
1.1.2 R 软件的安装 ··· 1
1.1.3 R studio 的安装 ··· 2
1.2 R 语言基本运算 ··· 3
1.2.1 R 语言的数值运算 ··· 3
1.2.2 R 语言的向量 ··· 5
1.2.3 R 语言的向量运算 ··· 6
1.3 R 语言缺失数据 ··· 7
1.3.1 R 语言缺失数据类型 ··· 7
1.3.2 R 语言缺失数据识别 ··· 7
1.3.3 R 语言缺失数据处理 ··· 8
1.4 矩阵的运算 ··· 8
1.4.1 矩阵建立 ··· 8
1.4.2 矩阵计算 ·· 10
1.4.3 矩阵分解 ·· 11
1.5 列表和数据框 ·· 12
1.5.1 列表介绍 ·· 12
1.5.2 数据框介绍 ·· 13
1.6 R 软件的数据读/写 ··· 14
1.7 R 软件包介绍 ·· 15
1.7.1 包的基础知识 ·· 15
1.7.2 自动安装包 ·· 15
1.7.3 通过硬盘加载包 ·· 16
1.7.4 常见包介绍 ·· 16
1.8 R 语言的函数 ·· 16
1.8.1 循环结构 ·· 16
1.8.2 条件执行结构 ·· 17
1.8.3 自定义函数 ·· 18

1.9 R 软件绘图功能介绍 19
    1.9.1 高级绘图函数 20
    1.9.2 低级绘图函数 22
    1.9.3 用 ggplot2 包进行绘图 25

第 2 章 C4.5 算法 30
2.1 算法简介 30
2.2 算法基本原理 30
2.3 算法的 R 语言实现 33
    2.3.1 ctree 函数介绍 33
    2.3.2 C4.5 决策树的 R 语言实例 33
2.4 小结 35
参考文献 36

第 3 章 k-means 算法 37
3.1 算法简介 37
3.2 算法基本原理 37
3.3 算法的 R 语言实现 39
    3.3.1 kmeans 函数介绍 39
    3.3.2 k-means 聚类的 R 语言实例 39
3.4 小结 41
参考文献 42

第 4 章 CART 算法 44
4.1 算法简介 44
4.2 算法基本原理 44
    4.2.1 CART 算法的建树 44
    4.2.2 CART 算法的剪枝 45
    4.2.3 算法过程实例 46
4.3 算法的 R 语言实现 48
    4.3.1 rpart 函数介绍 48
    4.3.2 CART 决策树的 R 语言实例 48
    4.3.3 rpart 函数的补充说明 50
4.4 小结 52
参考文献 52

第 5 章 Apriori 算法 53
5.1 算法简介 53

5.2 算法基本原理 ... 53
5.2.1 挖掘频繁模式和关联规则 ... 53
5.2.2 Apriori 算法 ... 55
5.2.3 AprioriTid 算法 ... 61
5.2.4 挖掘顺序模式 ... 64
5.2.5 Apriori 算法的一种改进算法 ... 65
5.3 算法的 R 语言实现算法 ... 66
5.3.1 apriori 函数介绍 ... 66
5.3.2 Apriori 模型 ... 66
5.4 小结 ... 68
参考文献 ... 68

第 6 章 EM 算法 ... 70
6.1 算法简介 ... 70
6.2 算法基本原理 ... 71
6.2.1 基础理论 ... 71
6.2.2 算法过程实例 ... 71
6.3 算法的 R 语言实现 ... 76
6.3.1 mclust 函数介绍 ... 76
6.3.2 EM 标准模型的 R 语言实现 ... 77
6.3.3 存在噪声的 EM 算法的 R 语言实现 ... 79
6.3.4 EM 算法应用于高斯混合模型(GMM) ... 81
6.3.5 EM 算法应用于 Iris 数据集 ... 84
6.4 小结 ... 84
参考文献 ... 85

第 7 章 PageRank 算法 ... 86
7.1 算法简介 ... 86
7.2 算法基本原理 ... 86
7.3 算法的 R 语言实现 ... 89
7.3.1 page.rank 函数介绍 ... 89
7.3.2 igraph 包实现 PageRank 算法 ... 89
7.3.3 自定义 PageRank 算法的 R 语言实现 ... 90
7.3.4 补充实例 ... 91
7.4 小结 ... 95
参考文献 ... 96

第 8 章 AdaBoost 算法 · · · · · · 97

8.1 算法简介 · · · · · · 97
8.2 算法基本原理 · · · · · · 97
8.2.1 Boosting 算法 · · · · · · 97
8.2.2 AdaBoost 算法 · · · · · · 98
8.2.3 算法过程实例 · · · · · · 101
8.3 算法的 R 语言实现 · · · · · · 102
8.3.1 boosting 函数介绍 · · · · · · 102
8.3.2 R 语言实例 · · · · · · 102
8.4 小结 · · · · · · 104
参考文献 · · · · · · 104

第 9 章 kNN 算法 · · · · · · 105

9.1 算法简介 · · · · · · 105
9.2 算法基本原理 · · · · · · 105
9.2.1 算法描述 · · · · · · 105
9.2.2 算法流程 · · · · · · 107
9.3 算法的 R 语言实现 · · · · · · 108
9.3.1 knn 函数介绍 · · · · · · 108
9.3.2 利用 class 包中的 knn 函数建立模型 · · · · · · 108
9.3.3 kNN 算法应用于 Iris 数据集 · · · · · · 109
9.3.4 kNN 算法应用于 Breast 数据集 · · · · · · 111
9.4 小结 · · · · · · 113
参考文献 · · · · · · 114

第 10 章 Naive Bayes 算法 · · · · · · 115

10.1 算法简介 · · · · · · 115
10.2 算法基本原理 · · · · · · 115
10.2.1 基础理论 · · · · · · 115
10.2.2 算法过程实例 · · · · · · 118
10.3 算法的 R 语言实现 · · · · · · 120
10.3.1 naiveBayes 函数介绍 · · · · · · 120
10.3.2 利用 e1071 包中的 naiveBayes 函数建立模型 · · · · · · 120
10.3.3 算法拓展——其他改进的 Naive Bayes 算法 · · · · · · 121
10.4 小结 · · · · · · 123
参考文献 · · · · · · 123

第 11 章 SVM 算法 ... 125
11.1 算法简介 ... 125
11.2 算法基本原理 ... 125
11.2.1 基础理论 ... 125
11.2.2 软间隔优化 ... 127
11.2.3 核映射 ... 129
11.2.4 SVM 算法的过程 ... 130
11.2.5 SVC 算法过程实例 ... 130
11.3 算法的 R 语言实现 ... 132
11.3.1 svm 函数介绍 ... 132
11.3.2 标准分类模型 ... 133
11.3.3 多分类模型 ... 133
11.3.4 SVM 回归 ... 134
11.3.5 SVM 拓展包(kernlab 包) ... 135
11.3.6 SVM 算法应用于 Iris 数据集(e1071 包) ... 135
11.3.7 SVM 算法应用于 Iris 数据集(kernlab 包) ... 136
11.4 小结 ... 137
参考文献 ... 138

第 12 章 案例分析 ... 139
12.1 关联规则案例分析 ... 139
12.1.1 问题描述 ... 139
12.1.2 R 语言实现过程 ... 139
12.1.3 不同参数的 Apriori 模型 ... 141
12.1.4 小结 ... 145
12.2 kNN 算法案例分析 ... 145
12.2.1 问题描述 ... 145
12.2.2 R 语言实现过程 ... 145
12.2.3 小结 ... 148
12.3 Naive Bayes 算法案例分析 ... 149
12.3.1 问题描述 ... 149
12.3.2 R 语言实现过程 ... 149
12.3.3 小结 ... 152
12.4 CART 算法案例分析 ... 152
12.4.1 问题描述 ... 152
12.4.2 R 语言实现过程 ... 152

        12.4.3 小结 ··· 159
　12.5 AdaBoost 算法案例分析 ··· 159
        12.5.1 问题描述 ··· 159
        12.5.2 R 语言实现过程 ··· 159
        12.5.3 小结 ··· 161
　12.6 SVM 算法案例分析 ·· 162
        12.6.1 问题描述 ··· 162
        12.6.2 R 语言实现过程 ··· 162
        12.6.3 小结 ··· 167

第1章 R软件的使用方法

1.1 R软件介绍和安装

1.1.1 R软件介绍

R 软件是属于 GNU 系统的一款自由、免费、开源的软件,是用于统计计算和统计制图的优秀工具。R 软件最初是由来自新西兰奥克兰大学的 Ross Ihaka 和 Robert Gentleman 开发的,现在由"R 开发核心团队"负责开发。R 软件是一种为统计计算和统计绘图而生的语言和环境,是一套开源的数据分析解决方案。市面上也有许多其他流行的统计和制图软件,如 Microsoft Excel、SAS、SPSS、Stata 及 Matlab。R 软件是数据挖掘和机器学习领域的必备工具,有着非常多值得推荐的特性,主要如下:

(1) R 软件是免费开源的,十分适合教师和学生使用;

(2) R 软件有强大的科学计算工具包;

(3) R 软件有强大的绘图系统,可以进行复杂数据的可视化;

(4) R 软件是一个可进行交互式数据分析和探索的强大平台,任意分析步骤的结果均可被轻松保存,并可作为进一步分析的输入,十分简单实用。

1.1.2 R软件的安装

R 软件是 R 语言的常用集成开发环境(Integrated Development Enviroment,IDE),相比其他语言的开发环境而言,R 软件轻便简单,但功能很强大。以下是 R 软件的安装过程。

(1) 进入 R 语言官方网站 www.r-project.org,下载适应系统的 R 软件安装包。

(2) 下载完成后,双击安装包,选择中文(Chinese),按提示步骤安装。在选择计算机位数时注意选择正确。具体软件安装界面如图 1.1 所示。

图 1.1 R 软件安装界面

(3)安装完成后,双击 R 软件图标,即可进入 R 软件界面,如图 1.2 所示。

图 1.2　R 软件界面

1.1.3　R studio 的安装

R studio 是 R 语言的一个 IDE,由于比较好用且功能强大,所以 R 语言的使用者一般都会安装它。下面介绍 R studio 的安装过程。

(1)进入网站 www.rstudio.com/ide,打开下载页面后,可以发现有 Desktop 和 Server 两个版本,这里选择 Desktop。

(2)跳转到 Desktop 版本下载窗口,Desktop 版本又分为两个版本:Open Source Edition(免费)和 Commercial License(付费),这里选择免费版。

(3)根据所使用计算机的操作系统选择版本,下载完成后双击 R Studio.exe 进行安装。

(4)安装完成后,双击图标打开 R Studio,最大的面板是控制台窗口,这是运行 R 代码和查看输出结果的地方,也就是运行原生 R 软件时看到的控制台窗口。其他面板则是 R Studio 所独有的。这些面板包括文本编辑器、代码调试窗口、文件管理窗口及画图界面等,如图 1.3 所示。

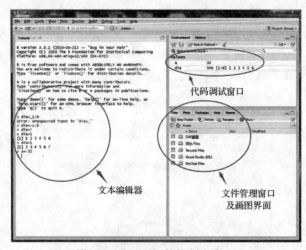

图 1.3　R Studio 的控制台窗口

注意事项：
(1) R studio 是基于 R 软件的，在安装 R studio 之前必须先安装 R 软件。
(2) 安装 R 软件时要注意安装位置，R studio 最好与 R 软件安装在同一文件夹中。
(3) 安装文件名称不要出现中文字符，以免出现错误。

1.2　R 语言基本运算

R 语言拥有许多用于存储数据的对象类型，包括标量、向量、矩阵、数组、数据框和列表。它们在存储数据的类型、创建方式、结构复杂度，以及用于定位和访问其中个别元素等方面均有所不同。图 1.4 给出了这些数据结构的示意图。

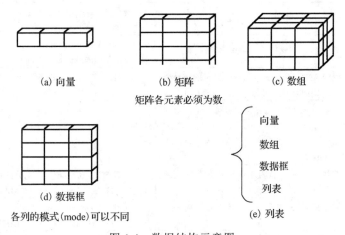

图 1.4　数据结构示意图

1.2.1　R 语言的数值运算

R 语言中最简单的命令莫过于通过输入一个对象的名字来显示其内容。例如，一个名为 n 的对象，其内容是数值 10：

```
> n<-10;
```

在 R 语言中给对象赋值有多种形式，可以直接赋一个数值，也可以是一个算式或一个函数的结果：

```
> n<-10+1;
> n<- 3 + rnorm(1);
```

如果该对象已经存在，那么它以前的值将会自动被新值覆盖。所以上面 n 的大小为 3 + rnorm(1)，其中，rnorm(1) 将产生一个服从平均数为 0、标准差为 1 的标准正态分布的随机变量。R 语言的运算规则见表 1.1。

表 1.1 R 语言的运算规则

运 算 符	意　义	运 行 实 例
+	两个向量相加	v <- c(1,5,3,2);t <- c(2, 3, 1,4);print(v+t) 结果：[1] 3 8 4 6
-	两个向量相减	v <- c(1,5,3,2);t <- c(2, 3, 1,4);print(v-t) 结果：[1] -1 2 2 -2
*	两个向量相乘	v <- c(1,5,3,2);t <- c(2, 3, 1,4);print(v*t) 结果：[1] 2 15 3 8
/	两个向量相除	v <- c(1,5,3,2);t <- c(2, 3, 1,4);print(v/t) 结果：[1] 0.5000 1.6667 3.0000 0.5000
%%	两个向量求余	v <- c(1,5,3,2);t <- c(2, 3, 1,4);print(v%%t) 结果：[1] 1 2 0 2
%/%	两个向量相除求商	v <- c(1,5,3,2);t <- c(2, 3, 1,4);print(v%/%t) 结果：[1] 0 1 3 0
^	两个向量求指数	v <- c(1,5,3,2);t <- c(2, 3, 1,4);print(v^t) 结果：[1] 1 125 3 16
sqrt()	平方根	v <- c(1,5,3,2);print(sqrt(v)) 结果：[1] 1.000000 2.236068 1.732051 1.414214
&&	逻辑 AND 运算符。取两个向量的第一个元素，只有两个元素都为真时，才输出 TRUE	v <- c(1,5,3,2);t <- c(2, 3, 1,4);print(v&&t) 结果：[1] TRUE
&	元素逻辑 AND 运算符。将第一个向量的每个元素分别与第二个向量的相应元素进行 AND 运算，只有两个元素都为真时，才输出 TRUE	v <- c(1,5,3,2);t <- c(2, 3, 1,4);print(v&t) 结果：[1] TRUE TRUE TRUE TRUE
<=	左边向量元素是否小于等于右边向量的相应元素	v <- c(1,5,3,2);t <- c(2, 3, 1,4);print(v<=t) 结果：[1] TRUE FALSE FALSE TRUE
>=	左边向量元素是否大于等于右边向量的相应元素	v <- c(1,5,3,2);t <- c(2, 3, 1,4);print(v>=t) 结果：[1] FALSE TRUE TRUE FALSE
==	判断左右两个向量的相应元素是否相等	v <- c(1,5,3,2);t <- c(2, 3, 1,4);print(v==t) 结果：[1] FALSE FALSE FALSE FALSE
!=	判断左右两个向量的相应元素是否不相等	v <- c(1,5,3,2);t <- c(2, 3, 1,4);print(v!=t) 结果：[1] TRUE TRUE TRUE TRUE
round(x, 2)	保留两位小数	v <- c(1.2396,5.236,3.861,2.9683);print(round(v,2)) 结果：[1] 1.24 5.24 3.86 2.97
trunc()	向下取整	v <- c(1.2396,5.236,3.861,2.9683);print(trunc(v)) 结果：[1] 1 5 3 2
ceiling()	向上取整	v <- c(1.2396,5.236,3.861,2.9683);print(ceiling(v)) 结果：[1] 2 6 4 3
logb(a, b)	以 b 为底的对数；log() 为自然对数	v <- 10;t <- 100;logb(v, t) 结果：[1] 2
exp()	指数	v <- 10;exp(v) 结果：[1] 22026.47
||	逻辑 OR 运算符。取两个向量的第一个元素，如果其中一个为真，则输出 TRUE	v <- c(1,5,3,2);t <- c(2, 3, 1,4);print(v||t) 结果：[1] TRUE
|	元素逻辑 OR 运算符。将第一个向量的每个元素分别与第二个向量的相应元素进行 OR 运算，只有两个元素都为真时，才输出 TRUE	v <- c(1,5,3,2);t <- c(2, 3, 1,4);print(v|t) 结果：[1] TRUE TRUE TRUE TRUE

1.2.2 R 语言的向量

向量是 R 语言最基本的数据类型。单个数值(标量)其实没有单独的数据类型,只不过是只有一个元素的向量。R 语言中用分号来隔开同一行中的不同命令语句,通常用符号"<-"代替其他语言里的"="作赋值符号。可以认为"<-"是赋值,"="是传值。二者在绝大部分情况下没有区别。

例如:

> x <- c(1, 2, 4, 9);

上面的对象 x 是一个向量[1,2,4,9],使用函数 c()进行赋值。其中,函数 c()的作用是在参数中向量的指定位置插入数值以组成一个新的向量。

> y <- c(x[1:2], 88, x[4]);

将创建 y 向量[1,2,88,9],其中,包含两个 x 中的元素和中间位置的一个 88。可以看到,用 x[4]可以取出 x 的第 4 个元素 9,用 x[1:2]可以取出 x 的前两个元素 1 和 2。

> v <- 2*x + y + 1;

v 是向量[3,5,9,19],对 x、y 的元素逐个进行基本的运算,产生一个长度为 4 的新向量 v,运算符的优先级与常规运算基本一致。

上面介绍了基本的 R 语言向量的建立和运算,但是数学实验要进行大量的数值模拟,因此产生规则的序列是基本要求。

R 软件拥有很多产生常用数列的方法。例如,上面介绍的 x[1:2]便可以产生[1,2]这个向量;类似地,x[1:30]便可以产生包含 1~30 的按大小次序排列的整数向量。函数 seq()可以建立序列矩阵。例如:

> s3<-seq(-5, 5, by=.2);

s3 是向量[-5.0, -4.8, -4.6, …, 4.6, 4.8, 5.0]。其中,-5.0 为起点数据,5.0 为终点数据,间距为 0.2,还可以使用下面的方法:

> s4 <- seq(length=51, from=-5, by=.2);

s4 与 s3 是相等的向量,length=51 代表向量长度为 51,from=-5 代表起点数据,by=.2 是指以 0.2 为间距。对于重复数据,可以使用函数 rep():

> s5 <- rep(x, times=2);

s5 是向量[1, 2, 4, 9, 1, 2, 4, 9],x 代表重复的向量,times 的值代表重复次数,函数 rep()将 x 首尾连接重复 2 次,产生新的向量。也可以产生服从分布的向量,以下为二项分布(binomial distribution):

> s6<-rbinom(n=8,size=20,prob=0.2);

其中,n 的值是产生数据的个数,size 的值是总的实验次数,prob 的值是每次实验的概率。各种概率分布函数见表 1.2。

表 1.2 概率分布函数

分布名称	函 数	表达式解释	分布名称	函 数	表达式解释
二项分布	rbinom(n,size,prob)	n 个 b(size, prob) 二项分布随机数	超几何分布	rhyper(nn,m,n,k)	nn 是随机数个数，m 是白球数，n 是黑球数，k 是抽的球数
几何分布	rgeom(n,prob)	n 是产生数的个数，prob 为概率	泊松分布	rpois(n, lambda)	n 是随机个数，lambda 是单位随机事件的发生率
均匀分布	runif(n,min,max)	n 是随机个数，min 和 max 为极值	正态分布	rnorm(n,mean,sd)	n 是随机个数，mean 是均值，sd 是标准差
指数分布	rexp(n, rate)	n 是随机个数，rate 是独立随机事件发生的时间间隔	卡方分布	rchisq(n, df, ncp=0)	n 是随机个数，df 是自由度，ncp 是正态分布的均值的平方和

注：可以改变函数名的第一个字母，作用如下：d—密度函数(density)，p—分布函数(distribution)，funq—分位数函数，quantile funcr—生成随机数(随机偏差)。

1.2.3 R 语言的向量运算

向量的运算与前述多种建立向量的方法基本一致。例如：

```
> V1<-x+runif(4,1,10)+rnorm(4,5,0);
```

运算结果为：

```
> V1
    [13.779079, 9.731564, 18.630943, 19.204938]
```

即对应向量元素分别相加。

对于向量的乘法，例如：

```
> V2<-y*x;
```

运算结果为：

```
> V2
    [1, 4, 352, 81]
```

即向量 x、y 的对应元素分别相乘。在运算过程中，参与运算的向量维数必须满足向量运算的规则，否则会出现警告错误。例如：

```
> V3<-runif(3,1,1,0)+rnorm(2,5,0);
```

结果显示：

```
Warning message:
In runif(3,1,1,0) + rnorm(2,5,0)：长的对象长度不是短的对象长度的整倍数
```

R 语言进行运算时，由于 runif(3,1,1,0) 比 rnorm(2,5,0) 多一个元素，所以 rnorm(2,5,0) 循环使用向量的第一个元素进行运算。因此，要特别注意运算法则。

1.3 R语言缺失数据

1.3.1 R语言缺失数据类型

在R语言中,缺失数据通常有以下两种不同的状态。

(1)NA:数据集中的该数据遗失、不存在。在针对具有NA的数据集进行函数操作时,NA"占据着"位置,不会被直接剔除。例如:

```
> x<-c(1,2,3,NA,4);
> mean(x)
```

运算结果为:

```
[1]  NA
```

(2)NULL:未知的状态。NULL不会用在计算中。例如,length(c(NULL))=0,而length(c(NA))=1。NULL没有"占据着"位置,或者说"不知道"有没有真正的数据。例如:

```
> x<-c(1,2,3,NULL,4);
> mean(x)
```

运算结果为:

```
[1]  2.5
```

1.3.2 R语言缺失数据识别

在R语言中,缺失数据通常用"NA"表示,判断是否缺失数据的函数是is.na()。另一个常用的函数是complete.cases(),它对数据框进行分析,判断某观测样本是否完整。

例如:

```
> x<-c(1,2,3,NULL,4);
> is.na(x)
```

运算结果为:

```
[1]FALSE FALSE FALSE TRUE FALSE
```

表明向量x的第4个元素为缺失值。

对于缺失数据集,可以用vim包进行观测。利用R语言自带数据集sleep的实验如下:

```
> library(VIM)
> data(sleep, package="VIM")
> dim(sleep)
> sum(complete.cases(sleep))
> #可以使用vim包的函数aggr()以图形方式描述缺失数据
> aggr(sleep)
```

结果显示如图 1.5 所示。

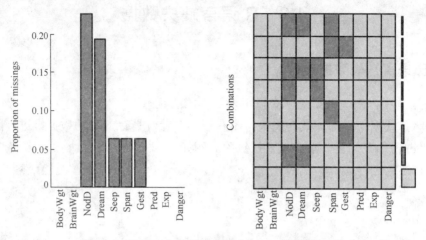

图 1.5　函数 aggr() 描述数据集 sleep 的缺失数据

vim 包的安装与使用方法将在后面的章节进行介绍，在此只是演示其检查缺失数据的方法，后文的 mice 包的使用方法与它相同。

1.3.3　R 语言缺失数据处理

对于 R 语言缺失数据，通常有以下三种应对手段。

（1）当缺失数据较少时，直接删除相应样本。删除缺失数据样本的前提是缺失数据的比例较小，而且缺失数据是随机出现的，所以删除后对分析结果影响不大。

（2）对缺失数据进行插补。多重插补法（multiple imputation）通过变量间的关系预测缺失数据。首先利用蒙特卡罗方法生成多个完整数据集，再对这些数据集分别进行分析，最后对这些分析结果进行汇总处理。R 语言中可以用 mice 包实现。

使用 mice 包对自带数据集 sleep 进行插补的代码如下：

```
> library(mice)
> imp=mice(sleep,seed=1234)
> fit=with(imp,lm(Dream~Span+Gest))
> pooled=pool(fit)
> summary(pooled)
```

（3）使用对缺失数据不敏感的分析方法，如决策树。

1.4　矩阵的运算

1.4.1　矩阵建立

在 R 语言中，可以用函数 matrix() 创建一个矩阵，应用时需要输入必要的参数值。矩阵通式如下：

```
matrix (data, nrow, ncol, byrow, dimnames)
```

其中，data 项为必要的矩阵元素；nrow 为行数，ncol 为列数，注意 nrow 与 ncol 的乘积应为矩阵元素个数；byrow 控制排列元素时是否按行进行；dimnames 给定行和列的名称。

例如：

```
> A<-matrix(1:12,nrow=3,ncol=4)
```

结果显示为：

```
> A
     [,1] [,2] [,3] [,4]
[1,]    1    4    7   10
[2,]    2    5    8   11
[3,]    3    6    9   12
```

这便建立了一个以列进行排序的 3×4 维矩阵。还可以加入参数 byrow，代码如下：

```
> B<-matrix(1:12,nrow=3,ncol=4,byrow=TRUE)
```

结果显示为：

```
> B
     [,1] [,2] [,3] [,4]
[1,]    1    2    3    4
[2,]    5    6    7    8
[3,]    9   10   11   12
```

还可以加入参数 dimnames，给矩阵命名，代码如下：

```
> rowname<-c("r1","r2","r3")        #建立一个向量，保存行名
> colname<-c("c1","c2","c3","c4")   #建立一个向量，保存列名
> C<-matrix(1:12,nrow=3,ncol=4,byrow=TRUE,dimnames=list(rowname,colname))
```

结果显示为：

```
> C
   c1 c2 c3 c4
r1  1  2  3  4
r2  5  6  7  8
r3  9 10 11 12
```

可以看到，加入几个参数后，就可以随意改变所建矩阵的形式，十分灵活。

R 语言中使用符号"#"代表注释，"#"后面的内容不会被运行。另外，还有单位矩阵与对角矩阵的快捷矩阵建立方法。例如：

```
> D<-diag(3);
> x <- 1:4; E<-diag(x);
```

结果显示为：

```
> D                          > E
     [,1] [,2] [,3]                [,1] [,2] [,3] [,4]
[1,]  1    0    0          [1,]     1    0    0    0
[2,]  0    1    0          [2,]     0    2    0    0
[3,]  0    0    1          [3,]     0    0    3    0
                           [4,]     0    0    0    4
```

1.4.2 矩阵计算

矩阵的运算包括矩阵计算和矩阵分解，矩阵的四则运算法则与向量运算类似。(以下例子中的 A、B 与 1.4.1 节中相同。)

数与矩阵相乘。例如：

```
> c=2;c*A;
```

结果显示为：

```
     [,1] [,2] [,3] [,4]
[1,]  2    8   14   20
[2,]  4   10   16   22
[3,]  6   12   18   24
```

矩阵的加法。例如：

```
> A+B
     [,1] [,2] [,3] [,4]
[1,]  2    6   10   14
[2,]  7   11   15   19
[3,] 12   16   20   24
```

矩阵的转置。例如：

```
> t(A)
     [,1] [,2] [,3]
[1,]  1    2    3
[2,]  4    5    6
[3,]  7    8    9
[4,] 10   11   12
```

还可以求两个矩阵的内积。例如：

```
> t(A)%*%B
     [,1] [,2] [,3] [,4]
[1,]  38   44   50   56
[2,]  83   98  113  128
[3,] 128  152  176  200
[4,] 173  206  239  272
```

内积还可以用函数 crossprod(x) 表示。函数 tcrossprod(x,y) 表示 "x%*%t(y)"，即 x 与 y 的外积，相对应的是计算矩阵 Hadamard 积(对应元素相乘)，直接用符号 "*" 即可，例如：

```
> A*A
     [,1] [,2] [,3] [,4]
[1,]   1   16   49  100
[2,]   4   25   64  121
[3,]   9   36   81  144
```

表 1.3 给出了矩阵运算中的一些常用方法。

表 1.3 矩阵运算中的一些常用方法

矩阵的维数	dim(X)返回矩阵 X 的维数，nrow(X)返回矩阵 X 的行数，ncol(X)返回矩阵 X 的列数
矩阵的和与平均值	行和 rowSums(X)，行平均值 rowMeans(X)，列和 colSums(X)，列平均值 colMeans(X)
矩阵三角部分元素	由函数 lower.tri()和函数 upper.tri()实现
行列式的值	函数 det(X)将计算方阵 X 的行列式的值

关于矩阵行和列的操作，还可以使用函数 apply 来实现，例如：

```
apply ( X, MARGIN , FUN,…)
```

其中，X 为矩阵变量；MARGIN 用来指定是对行还是对列运算，MARGIN =1 表示对行运算，MARGIN =2 表示对列运算；FUN 用来指定运算函数；"…"用来给定运算函数中需要的其他参数。例如：

```
> apply(A,2,mean)   >apply(A,1,mean)  > apply(A,1,sum)  > apply(A,2,sum)
[1] 2 5 8 11        [1] 5.5 6.5 7.5   [1] 22 26 30      [1]  6 15 24 33
> apply(A,2,function(x,a) x*a,a=2)
     [,1] [,2] [,3] [,4]
[1,]   2    8   14   20
[2,]   4   10   16   22
[3,]   6   12   18   24
```

1.4.3 矩阵分解

矩阵求逆可用函数 solve()实现。solve(a, b)的运算结果是解线性方程组 ax = b，若 b 缺省，则系统默认为单位矩阵，因此可用其进行矩阵求逆。例如：

```
> a=matrix(rnorm(16),4,4)
> solve(a)    #求其逆矩阵
          [,1]          [,2]          [,3]          [,4]
[1,]  0.3869612    0.4113184    0.006655027   -0.4570129
[2,] -0.1292056   -0.0976896   -0.136681629   -0.3200832
[3,] -0.1057488    0.1657218    0.610000417   -0.2256621
[4,]  0.6792250   -0.1304068   -0.016402596   -0.5056538
> a%*%solve(a)   #检验
          [,1]          [,2]          [,3]          [,4]
[1,]  1.000000e+00   3.415237e-17  -5.326313e-17   5.778798e-17
[2,] -7.963465e-17   1.000000e+00  -8.455083e-18   2.038300e-17
[3,]  4.775911e-17  -1.223116e-18   1.000000e+00   6.591949e-17
[4,]  2.358140e-17   1.541600e-17  -4.739171e-17   1.000000e+00
```

矩阵 A 的谱分解为 $A=U\Lambda U'$，其中，Λ 是由 A 的特征值组成的对角矩阵，U 的列为 A 的特征值对应的特征向量。在 R 语言中可以用函数 eigen() 得到 U 和 Λ，通式为 eigen(x,symmetric=T)。其中，x 为矩阵；symmetric 指定 x 是否为对称矩阵，若不指定，则系统自动检测 x 是否为对称矩阵。例如：

```
> l<-eigen(a,symmetric=T)
> l
$values
[1]  2.9699626  1.4377480 -0.6704615 -3.0482371

$vectors
            [,1]        [,2]         [,3]        [,4]
[1,] -0.5528276 -0.09053936  0.72954020  0.3923714
[2,] -0.5950721 -0.23994908 -0.06989917 -0.7638244
[3,]  0.4595963 -0.81978961  0.31615884 -0.1294596
[4,]  0.3592242  0.51202740  0.60243571 -0.4958398
```

其中，$values 为矩阵的特征值，$vectors 为特征值所对应的向量，可以分别使用 l$values 与 l$vectors 对结果进行调用。R 语言中的函数 svd(A) 可对矩阵 A 做奇异值分解，即 A=U%*%D%*%t(V)。其中，U、V 是正交阵；D 为对角阵，也就是矩阵 A 的奇异值。svd(A) 的返回值是列表，svd(A)$d 表示矩阵 A 的奇异值，即矩阵 D 的对角线上的元素；svd(A)$u 表示正交阵 U；svd(A)$v 表示正交阵 V。例如：

```
> F<-t(array(c(1:8,10),dim=c(3,3)))
> SVD=svd(F);
> SVD;
$d
[1]  17.4125052  0.8751614  0.1968665
$u
           [,1]        [,2]        [,3]
[1,] -0.2093373  0.96438514  0.1616762
[2,] -0.5038485  0.03532145 -0.8630696
[3,] -0.8380421 -0.26213299  0.4785099
$v
           [,1]          [,2]        [,3]
[1,] -0.4646675 -0.833286355  0.2995295
[2,] -0.5537546  0.009499485 -0.8326258
[3,] -0.6909703  0.552759994  0.4658502
```

1.5 列表和数据框

1.5.1 列表介绍

列表是 R 语言的数据类型中最为复杂的一种。一般来说，列表就是一些对象的有序集合。列表允许将若干对象整合到单个对象名下。例如，某个列表中可能是若干向量、矩阵、数据框，甚至其他列表的组合。可以使用函数 list() 创建列表：

```
> mylist<-list(object1, object2,…)
```

其中的对象可以是目前为止讲到的任何结构。还可以为列表中的对象命名：

```
> mylist<-list(name1=object1, name2=object2,…)
```

列表建立举例如下：

```
> L<-list(name="Bob",wife="Mary",No.children=3,child.ages=c(2,2,5))
> L

$name           $wife            $No.children       $child.ages
"Bob"    [2] "Mary"        [3] 3              [4] 2 2 5
```

上面的列表组合了多个对象，L 中包含了字符串和数值型向量，并将它们保存为一个列表。列表可以使用下标引用元素，但与向量不同的是，列表只能引用一个元素，引用格式为"列表名[["元素名"]]"或"列表名$元素名"，两者的效果是相同的。例如：

```
> L[["name"]]              > L$name
"Bob"                       [1] "Bob"
```

1.5.2 数据框介绍

数据框(data frame)是一种矩阵形式的数据，数据框中的各列可以是不同类型的数据。数据框的一列是一个变量，一行是一个观测量。数据框可以看成是矩阵(matrix)的推广，也可以看作一种特殊的列表对象(list)。数据框是 R 语言特有的数据类型，也是进行统计分析最为有用的数据类型。对于可能列入数据框的列表对象有如下限制。

(1)分量必须是向量(数值、字符、逻辑)、因子、数值矩阵、列表或其他数据框。

(2)矩阵、列表和数据框为新的数据框提供了尽可能多的变量，因为它们各自拥有列元素或变量。

(3)数值向量、逻辑值、因子保持原有格式，而字符向量会被强制转换成因子，且它的水平就是向量中出现的独立值。

(4)在数据框中以变量形式出现的向量必须长度一致，矩阵结构必须有相同的行数。

R 语言中用函数 data.frame() 生成数据框，其语法是：

```
data.frame ( data1 , data2,…)
```

例如：

```
> data.frame(x,y)
    x  y
1   1  1
2   2  2
```

```
              3  4  88
              4  9   9
```

数据框的列名默认为变量名,也可以对列名进行重新命名。例如:

```
> data.frame('变量一'=x,'变量二'=y)
      变量一  变量二
1        1       1
2        2       2
3        4      88
4        9       9
```

建立一个复杂的数据框:

```
> Student<-c("John Davis","Angela Williams","Bullwinkle Moose",
+            "David Jones","Janice Markhammer","Cheryl Gushing",
+            "Reuven Ytzrhak","Greg Knox","Joel England",
+            "Mary Rayburn")
> Math<-c(502,600,412,358,495,512,410,625,573,522)
> Science<-c(95,99,80,82,75,85,80,95,89,86)
> English<-c(25,22,18,15,20,28,15,30,27,18)
> roster<-data.frame(Student, Math, Science, English)
```

结果如下:

```
> roster
             Student  Math  Science  English
1         John Davis   502       95       25
2    Angela Williams   600       99       22
3   Bullwinkle Moose   412       80       18
4        David Jones   358       82       15
5  Janice Markhammer   495       75       20
6     Cheryl Gushing   512       85       28
7     Reuven Ytzrhak   410       80       15
8          Greg Knox   625       95       30
9       Joel England   573       89       27
10      Mary Rayburn   522       86       18
```

1.6 R 软件的数据读/写

R 软件的内置数据集 dataset 包提供了大量的数据集。使用 R 软件的内置数据集是非常方便的,通常只要给出数据集名即可。但有时需要从外部输入数据,外部的数据源很多,可以是电子表格、数据库、文本文件等形式。下面介绍 3 种简单的输入数据的方法,每种方法都有自己的优势,至于哪种方法最好则要根据实际数据的情况来确定。

1. 从剪切板读取

Excel 是目前数据管理和编辑最为方便的软件,因此可以考虑用 Excel 管理数据,用 R 软件分析数据。Excel 与 R 语言之间的数据交换过程非常简单。从剪切板读取数据的步骤如下:

（1）选择需要进行计算的数据块，全选后复制，使内存中有复制的内容。

（2）在 R 软件中运行语句 data<-read. table（"clipboard"，header = T）。

其中，data 表示读入 R 软件中的数据集，clipboard 表示剪切板，header = T 表示读入变量名。

2. 从文本文件读取

大的数据对象常常是从外部文件读入的，而不是在 R 软件中直接输入的。R 软件的导入工具非常简单，读入文本数据的命令是 read.table，它对外部文件常常有特定的格式要求：第一行可以有该数据框的各变量名，随后的行中是各个变量的值。读取数据的格式举例如下：

```
X<-read.table("name.txt",header = T)
```

其中，name.txt 表示读入 R 的文本文件数据集，header = T 表示读入变量名为 T。

3. 从 Excel 文件读取

Excel 是很好的数据管理和办公软件，多个数据可以保存在一个 Excel 工作簿的工作表中。虽然 R 软件可以直接读取 Excel 文件的数据，但是一次只能读取工作簿的一个表格（将 Excal 文件另存为 csv 格式），其命令格式举例如下：

```
X<-read.table("name.csv")
```

另外，可以通过加载 R 软件包实现读取 Excel 文件的数据，如 RODBC 等。

1.7　R 软件包介绍

R 软件官网（www.r-project.org）主页中的 R 综合资料网（Comprehensive R Archive Network，CRAN）提供了成千上万的用户贡献包，这是 R 语言的一大优势。包的安装在大多数情况下都很简单，但是对一些特殊的包存在细微的差别。下面先介绍包的基础知识，然后讲解如何从硬盘和网络上加载 R 软件包。

1.7.1　包的基础知识

R 软件使用包来存储若干相关联的程序文件。R 软件包都以子目录的形式存放在安装目录/use/lib/R/library 下。计算机上存储包的目录称为库（library）。.libPath 函数能够显示库所在的位置，library 函数则可以显示库中有哪些包。R 软件自带了一系列默认包（包括 base、datasets、utils、grDevices、graphics、stat 及 methods），它们提供了种类繁多的默认函数和数据集。其他包可通过下载进行安装。安装成功后，包必须被加载到会话中才能使用。命令 search 可以显示哪些包已加载并可使用。

1.7.2　自动安装包

许多 R 函数可以用来管理包。第一次安装一个包，使用命令 install.packages 即可。例如，我们要安装 ggplot2 包，可以使用以下代码：

```
install.packages ("ggplot2")
```

运行以上代码后将显示一个 CRAN 镜像站点的列表,选择其中一个镜像站点,将看到所有可用包的列表,选择其中的一个包即可进行下载安装。如果知道想安装的包的名称,则可以直接将包名作为参数提供给这个函数。一个包仅需安装一次。和其他软件类似,包会被其作者更新。使用命令 update.packages 可以更新已经安装的包。

1.7.3 通过硬盘加载包

如果要使用某个已经安装的包,但还没把它加载到内存中,则可用 library 函数来加载。例如,想生成多元正态分布的随机向量,可以使用 MASS 包里的 mvrnorm 函数实现。用下面的命令加载包:

```
> library(MASS)
```

mvrnorm 函数现在就可以被调用了。使用帮助命令会出现 mvrnorm 函数的使用说明和使用的实例。例如:

```
> help(mvrnorm)
```

会引导用户进入一个 HTML 界面,显示函数 mvrnorm 的参数、用法和作用。

```
> example(mvrnorm)
```

会产生 mvrnorm 函数的使用实例供读者参考。

1.7.4 常见包介绍

R 软件有多包支持工程应用,几乎任何问题都可以在其中找到解决方案,这是 R 优于 SPSS 和 SAS(模块化分析)的一个强大功能。目前,在 CRAN 和 GitHub 上的包大约超过 1 万个。表 1.4 整理了一些常见学科使用频率较高的包。

表 1.4 常见学科使用频率较高的包

包名称	功　能	包名称	功　能
e1071	聚类,支持向量机,贝叶斯分类	ggplot2	优秀的作图包
igraph	网络分析工具集	caret	简化创建预测模型程序的功能
nnet	神经网络和多项对数线性模型	kernlab	基于核的机器学习实验室
randomForest	随机森林分类和回归	ROCR	分类器的性能评分的可视化
klaR	分类和可视化	Arules	关联规则挖掘和频繁项集
kernlab	基于核的机器学习实验室	tree	分类和回归树
rpart	递归分割和回归树		

1.8 R 语言的函数

1.8.1 循环结构

循环结构重复地执行一条或一组语句,直到某个条件不为真为止。循环结构包括 for 结构和 while 结构。

1. for 结构

for 循环重复地执行一组语句，直到某个变量的值不再包含在序列中。语法如下：

```
for (var in seq) statement
```

例如：

```
for(i in 1:10)
    print("Hello")
```

结果为单词"Hello"被输出了 10 次。

2. while 结构

while 循环重复地执行一组语句，直到条件不为真为止。语法如下：

```
while(cond) statement
```

例如：

```
i<-10;while(i>0){print("Hello");i<-i-1}
```

结果为将单词"Hello"输出了 10 次。应确保 while 语句的条件能够在某个时刻不再为真，否则循环将永不停止。在上例中，语句：

```
i<-i-1
```

在每步循环中都将对象 i 减去 1，这样在 10 次循环后，i 就不再大于 0 了；反之，如果在每步循环中都加 1，则将不停地输出"Hello"。这也是 while 循环可能比其他循环结构更危险的原因。在处理大数据集中的行和列时，R 语言中的循环可能比较低效费时。只要可能，最好联用 R 语言中的内建数值/字符处理函数和 apply 族函数。

1.8.2 条件执行结构

在条件执行结构中，一条或一组语句仅在满足一个指定条件时执行。条件执行结构包括 if-else 结构、ifelse 结构和 switch 结构。语法如下：

1. if-else 结构

if-else 结构在某个给定条件为真时执行语句，也可以同时在条件为假时执行另外的语句。语法如下：

```
if (cond) statement
if (cond) statement else statement2
```

例如：

```
if (r==4){X<-1}else{X<-3 Y<-4}
```

结果是在 r=4 成立时给 X 赋值 1；如果不成立，则给 X 赋值 3，给 Y 赋值 4。

2. ifelse 结构

ifelse 结构是 if-else 结构比较紧凑的向量化版本。语法如下：

```
ifelse(cond, statement1, statement2)
```

其中，若 cond 为 TRUE，则执行第一组语句；若 cond 为 FALSE，则执行第二组语句。例如：

```
ifelse(score>0.5,print("score>Passed"),print("Failed"))
outcome<-ifelse(score>0.5,"Passed","Failed")
```

结果为 score>0.5 时 Outcome 为"Passed"，否则为"Failed"。

3. switch 结构

Switch 结构根据一个表达式的值选择语句执行。语法如下：

```
switch(expr,…)
```

其中，"…"表示与 expr 的各种可能输出值绑定的语句。通过观察下面的代码示例，可以轻松地理解 switch 的工作原理：

```
> feelings<-c("sad","afraid")
> for(i in feelings)
+   print(
+     switch(i,
+       happy="I am glad you are happy",
+       afraid="There is nothing to fear",
+       sad="Cheer up",
+       angry="Calm down now"
+     )
+   )
```

结果显示为：

```
[1] "Cheer up"
[1] "There is nothing to fear"
```

1.8.3 自定义函数

R 语言允许用户自己定义函数。许多 R 函数被存储为特殊的内部形式，并可以被调用。这样可以使语言更方便使用，而且程序也更美观。学习写自己的程序是学习 R 语言的主要方法之一。R 语言函数定义的格式如下：

```
> name<-function(arg1,arg2,…) expression
```

其中，expression 是 R 语言的表达式；arg1, arg2,…是函数的参数。表达式中，放在程序最后的信息是函数的返回值，可以是向量、数组（矩阵）、列表或数据框。

函数的调用方法如下：

```
name(expr_1, expr_2,…)
```

并且在任何时刻调用都是合法的。

例如：

```
> mydate<-function(type="long"){
+     switch(type,
+       long = format(Sys.time(),"%A %B %d %Y"),
+       short= format(Sys.time(),"%m-%d-%y"),
+       cat(type,"is not a recognized type\n")
+ )
+ }
```

该函数的功能是用不同的格式显示当前时间，默认格式为"long"。其中，cat 函数在输入的日期格式类型不匹配"long"或"short"时执行。

当输入：

```
> mydate()
```

时，结果显示为：

```
"星期日 一月 07 2018"
```

在 R 语言中还可以编写方程求解的函数。例如，高等数学中的非线性方程根的函数求解问题便可以在 R 语言中解决。

例题：编写一个用二分法求非线性方程根的函数，并求方程 $x^3-x-1=0$ 的解，要求精度小于 10^{-6}。

使用二分法求解，具体代码如下：

```
> f<-function(x) x^3-x-1     #需要求解的非线性方程表达式
> fzero<-function(f,a, b, eps=1e-5){    #建立求解函数
+   if (f(a)*f(b)>0)
+     list(fail="finding root is fail!")
+   else{
+     repeat{
+       if (abs(b-a)<eps)
+ break
+         x<-(a+b)/2
+       if (f(a)*f(x)<0) b<-x else a<-x
+ }
+ list(root=(a+b)/2, fun=f(x))
+ }}
> fzero(f,1,2,1e-6)  #求解
$root       $fun
[1] 1.3     [1] -1.9e-06
```

结果显示，方程的近似解为 1.3，误差为 –1.9e–06。

1.9　R 软件绘图功能介绍

R 软件有非常丰富的绘图功能。R 软件的主页上已经展示了一些绚丽的图形，读者

可以使用以下命令感受 R 软件的绘图能力：二维绘图，demo(graphics)；三维绘图，demo(persp)。

要真正领略 R 软件绘图的能力，读者可以访问 R 绘图画廊网站。这里介绍 R 软件绘图的基本功能，这些基础知识可以让初学者对 R 软件绘图有一个初步的了解。如果想更深入地使用 R 软件绘图系统，可以参考其他书籍。R 软件的绘图系统包括以下 3 个基本类别。

(1) 高级(high-level)绘图函数：在图形设备上创建一个新图形，通常包括坐标轴、标签、标题等。

(2) 低级(low-level)绘图函数：在已有图形上添加信息，如额外的点、线和标签。

(3) 交互(interactive)图形函数：允许用户通过鼠标等指点设备向已有图形交互地增加信息，或从中释放信息。

此外，R 中包含一系列可以用来定制图形的图形参数。

1.9.1 高级绘图函数

1. 绘图函数 plot

R 软件中经常用到的一个绘图函数是 plot。该函数生成图形的类型取决于第一个参数的类型或类别(class)。例如，plot(x)中，如果 x 是一个时间序列，则生成一个时间序列图；如果 x 是一个数值型向量，则生成一个向量值对应其向量索引的图。如果 x 与 y 是向量，则 plot(x,y) 生成一幅 y 对应 x 的散点图。例如：

```
> y<-rnorm(10)
> x<-rnorm(10)
> plot(x,y)
> plot(x, y, xlab="twenty random values", ylab="twenty other values",
xlim=c(-2,2), ylim=c(-2,2), col="red", pch=22, bg="green", bty="l", main="How
to customize a plot with R", las=1, cex=1.5)
```

可得到如图 1.6 所示的散点图。其中的参数说明见表 1.5。

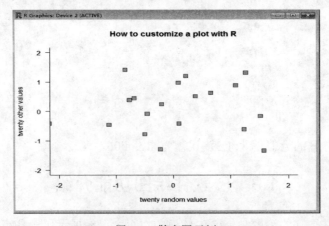

图 1.6　散点图示例

表 1.5 参数说明

xlab,ylab	坐标轴的标签,必须是字符型值
col	控制符号的颜色,和 cex 类似,还可用 col.axis、col.lab、col.main、col.sub
xlim,ylim	指定轴的上下限,如 xlim=c(1, 10) 或 xlim=range(x)
bg	指定背景色。例如,bg="red", bg="blue";实现用 colors() 显示 657 种可用的颜色名
bty	控制图形边框形状,可用的值为 "o" "l" "7" "c" "u" 和 "]"(边框形状和字符的外形相像);如果 bty="n" 则不绘制边框
main	主标题,必须是字符型值
las	控制坐标轴刻度数字标记方向,0:平行于轴;1:横排;2:垂直于轴;3:竖排
cex	控制符号和文字大小的值。另外,cex.axis 控制坐标轴刻度数字大小,cex.lab 控制坐标轴标签大小,cex.main 控制标题大小,cex.sub 控制副标题大小

2. 其他高级绘图函数

R 软件中还有一些类似于 plot 的函数,见表 1.6。

表 1.6 部分高级绘图函数

sunflowerplot(x, y)	与 plot 相似,但是以相似坐标的点作为花朵,其花瓣数目为点的个数
pie(x)	饼图
boxplot(x)	盒形图
stripchart(x)	把 x 的值画在一条线段上,样本量较小时可作为盒形图的替代
coplot(x~y|z)	关于 z 的每个数值(或数值区间)绘制 x 与 y 的二元图
barplot(x)	x 值的条形图
qqnorm(x)	生成向量 x 对期望正态分数(一个正态记分图)
qqplot(x, y)	生成 x 的分位点对 y 分位点图,用于分别比较它们的分布
contour(x, y, z)	等高线图,x 和 y 为向量,z 为矩阵,使得 dim(z)=c(length(x),length(y))
image(x, y, z)	同上,但是实际数据大小用不同颜色表示
stars(x)	x 是矩阵或数据框时,用星形和线段画出

在上面的函数中可以加入各种参数对图形进行修改和完善。例如:

```
> op <- par(mfrow = c(2, 2)) #分割画图界面为 2×2 个区域
> library(grDevices)  #载入 grDevices 包,选择颜色
# sunflower 图(sunflowerplot(x,y))
> x=sort(2*round(rnorm(100)));y=round(rnorm(100),0);sunflowerplot (x,y,
main= "Sunflower(x)")
# 饼图(pie(x))
> pie(c('Sky' = 78, "Sunny side of pyramid" = 17, "Shady side of pyramid"=
5),init.angle = 315, col = c("blue", "yellow", "green"),main = "pie(x)")
# 盒形图(boxplot(x))
> mat<-cbind(Uni05=(1:100)/21,Norm=rnorm(100),T5=rt(100,df=5), Gam=rgamma
(100,shape = 2)); boxplot(mat,main = "boxplot(x)")
# 等高线图(contour(x,y,z))
> x <- -6:16
```

```
> contour(outer(x,x),method="edge",vfont=c("sans serif","plain"),
main="contour(x,y,z)")
```

运行后得到 4 个参数修改后的图形,如图 1.7 所示。

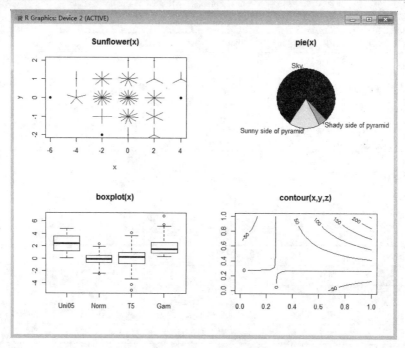

图 1.7 参数修改后的图形

1.9.2 低级绘图函数

1. 低级作图命令

R 软件有一组作用于已有图形的绘图函数,称为低级作图命令。主要的低级作图命令见表 1.7。

表 1.7 主要的低级作图命令

命令	说明
points(x, y)	添加点(可以使用选项 type=)
lines(x, y)	添加线
text(x, y, labels,…)	在(x,y)处添加用 labels 指定的文字。典型的用法是 plot(x, y,type="n");text(x, y, names)
mtext(text,side=3, line=0,…)	在边空添加用 text 指定的文字,用 side 指定添加到哪一边(参照下面的 axis());line 指定添加的文字距离绘图区域的行数
segments(x_0, y_0, x_i, y_i)	从(x_0,y_0)到(x_i,y_i)画线段
arrows(x_0,y_0,x_i,y_i, angle= 30, code=2)	同上,但加箭头,如果 code=2 则在(x_0,y_0)点画箭头,如果 code=1 则在(x_i,y_i)点画箭头,如果 code=3 则在两端都画箭头;angle 控制箭头轴到箭头边的角度
abline(a,b)	绘制斜率为 b、截距为 a 的直线
abline(h=y)	在纵坐标为 y 处画水平线
abline(v=x)	在横坐标为 x 处画垂直线
abline(lm.obj)	画出 lm.obj 命令(统计回归函数)确定的回归线

rect(x_1,y_1,x_2,y_2)	绘制长方形，(x_1, y_1)为左下角，(x_2,y_2)为右上角
polygon (x, y)	绘制连接各(x,y)点确定的多边形
legend(x, y,legend)	在(x,y)点处添加图例，说明内容由 legend 给定
title()	添加标题，也可添加一个副标题
axis(side, vect)	画坐标轴，side=1 时画在下边，side=2 时画在左边，side=3 时画在上边，side=4 时画在右边；可选参数 at 指定画刻度线的位置坐标
box()	在当前的图上加上边框
rug(x)	在 x 轴上用短线画出 x 数据的位置
locator (n,type="n",…)	在用户用鼠标在图上单击 n 次后返回 n 次单击位置的坐标(x,y)；并可以在单击处绘制符号(type="p"时)或连线(type="1"时，默认不画符号或连线

注意，用 text(x, y,expression())可以在一个图形上加上数学公式，函数 expression()可把自变量转换为数学公式。例如：

```
> text(x,y,expression(p==over(1,1+e^(beta*x+alpha))))
```

结果将在(x,y)点处显示公式 $p = \dfrac{1}{1+e^{-(\beta X+\alpha)}}$

2. 绘图参数

除了低级作图命令外，图形的显示还可以用绘图参数来改良。绘图参数可以作为绘图函数的选项(但不是所有参数都可以这样用)，也可以用函数 par 永久地改变绘图参数，也就是后来的图形都将按照 par 指定的参数来绘制。例如：

```
> par(bg="yellow")
```

将导致后来的图形都以黄色背景来绘制。还可以使用命令：

```
> mfrow=c(nrows, ncols)
```

来创建按行填充的、行数为 nrows、列数为 ncols 的图形矩阵。另外，可以使用 nfcol=c(nrows, ncols)按列填充矩阵。这样可以进行 R 图像的组合，但是注意要使用命令关闭组合，代码如下：

```
> par(mfrow = c(1,1))
```

低级绘图参数一共有 73 个，其中有的功能非常相似。表 1.8 列出了常用的低级绘图参数。

表 1.8 常用的低级绘图参数

adj	控制文字的对齐方式，0 是左对齐，0.5 是居中对齐，1 是右对齐；值>1 时对齐位置在文本右齐的地方，取负值时对齐位置在文本左边的地方；如果给出两个值，如 c(0,0)，则第二个值控制文字基线的垂直度
bg	指定背景色，如 bg="red", bg="blue"。用 colors 函数可以显示 657 种可用的颜色名
bty	控制图形边框形状，可用的值为 "o" "1" "7" "c" "u" 和 "]"（边框形状和字符的外形相像）；如果 bty="n"，则不绘制边框

续表

参数	说明
cex	控制默认状态下符号和文字大小的值。另外，cex.axis 控制坐标轴刻度数字大小，cex.lab 控制坐标轴标签文字大小，cex.main 控制标题文字大小，cex.sub 控制副标题文字大小
col	控制符号的颜色，和 cex 类似，还可用 col.axis、col.lab、col.main、col.sub
font	控制文字字体的整数。1：正常，2：斜体，3：粗体，4：粗斜体。和 cex 类似，还可用 font.axis、font.lab、font.main、font.Sub
las	控制坐标轴刻度数字标记方向的整数(0：平行于轴，1：横排，2：垂直于轴，3：竖排)
lty	控制连线的线型，可以是整数(1：实线，2：虚线，3：点线，4：点虚线，5：长虚线，6：双虚线)，或者是不超过 8 个字符的字符串(字符为 "0"~"9" 之间的数字)交替地指定线和空白长度，单位为磅(points)或像素。例如，lty="4"和 lty=2 效果相同
lwd	控制连线宽度的数字
mar	控制图形边空的有 4 个值的向量 c(bottom, left, top, right)，默认值为 c(5.1, 4.1, 4.1, 2.1)
mfcol	c(nr, nc)的向量，分割绘图窗口为 nr 行 nc 列的矩阵布局，按列次序使用各子窗口
mfror	同上，但是按行次序使用各子窗口
pch	控制符号的类型，可以是 1~25 的整数，也可以是单个字符
ps	控制文字大小的整数，单位为磅(points)
pty	指定绘图区域类型的字符。"s"：正方形，"m"最大利用
tck	指定轴上刻度长度的值，单位为百分比，以图形宽、高中较小的一个作为基数：如果 tck=1，则绘制 grid
tcl	同上，但以文本的行高为基数(默认 tcl=-0.5)
xaxt	如果 xaxt="n"，则设置 x 轴但不显示(有利于和 axis(side=1, …)联合使用)
yaxt	如果 yaxt="n"，则设置 y 轴但不显示(有利于和 axis(side=2, …)联合使用)

其中，pch 参数控制的符号类型如图 1.8 所示。

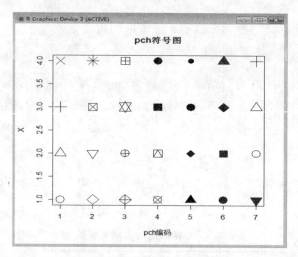

图 1.8　pch 参数控制的符号类型

下面是一个简单的示例：

```
> opar<-par()
> par(bg="lightgray",mar=c(2.5,1.5,2.5,0.25))
```

```
>     plot  (x,y,type="n",xlab="n",ylab="",xlim=c(-2,2),ylim=c(-2,2),
xaxt="n",yaxt="n")
>     rect(-3,-3,3,3,col="cornsilk")
>     points(x,y,pch=10,col="red",cex=2)
>     axis(side=1, c(-2, 0, 2),tcl=-0.2, labels=FALSE)
>     axis(side=2,-1:1,tcl=-0.2,labels=FALSE)
>     title("How to customize a plot with R (ter)",font.main=4,adj=1,
cex.main=1)
>     mtext("Ten random values",side=1,line=1,at=1, cex=0.9, font=3 )
>     mtext("Ten other values",line=0.5, at=-1.8,cex=0.9, font=3 )
>     mtext(c(-2, 0, 2),side=1, las=1, at=c(-2, 0, 2),line=0.3,col="blue", cex=0.9)
>     mtext(-1:1, side=2, las=1, at=-1:1, line=0.2, col="blue",cex=0.9)
>     par(opar)
```

结果显示如图 1.9 所示。

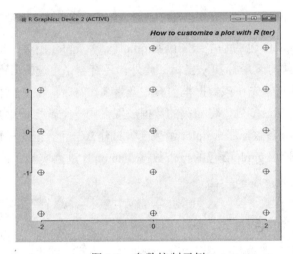

图 1.9　参数控制示例

1.9.3　用 ggplot2 包进行绘图

ggplot2 包是一个用来绘制统计图形(或称数据图形)的 R 软件包。与其他大多数图形软件包不同，ggplot2 包的背后有一套图形语法的支持。该套语法基于 *Grammar of Graphics* (Willcinsoa, 2005)一书，它由一系列独立的图形部件组成，并能以许多种不同的方式组合。这使得 ggplot2 包的功能非常强大，因为它不会局限于已经定义好的统计图形，而是可以根据用户的需要量身定做。ggplot2 包主要有以下 7 个特征。

(1) 数据(data)和映射(mapping)：将数据中的变量映射到图形属性。映射控制了二者之间的关系。

(2) 标度(scale)：负责控制映射后图形属性的显示方式。具体形式是图例和坐标刻度。Scale 和 Mapping 是紧密相关的概念。

(3) 几何对象(geometric)：代表在图中用户实际看到的图形元素，如点、线、多边形等。

(4)统计变换(statistics):对原始数据进行某种计算,如对二元散点图加上一条回归线。

(5)坐标系统(coordinate):坐标系统控制坐标轴并影响所有图形元素,坐标轴可以进行变换以满足不同的需要。

(6)图层(layer):数据、映射、几何对象、统计变换等构成一个图层。图层可以允许用户一步步地构建图形,方便单独对图层进行修改。

(7)分面(facet):条件绘图将数据按某种方式分组,然后分别绘图。分面就是控制分组绘图的方法和排列形式。

1. gplot2 包的安装与使用

在安装 ggplot2 包要确保使用 2.8 版本及以上的 R 软件。运行如下的命令可下载和安装 ggplot2 包:

```
> install.packages("ggplot2")
```

下面简单介绍 ggplot2 包的基本绘图函数 qplot(x,y)。qplot 函数的前两个参数是 x 和 y,分别代表图中所画对象的 x 坐标和 y 坐标。此外,还有一个可选的 data 参数,如果进行了指定,那么 qplot 函数将首先在该数据框内查找变量名,然后再在 R 软件的工作空间中进行搜索。本书推荐使用 data 参数,将相关的数据放置在同一个数据框中是一个良好的习惯。如果用户没有指定 data 参数,那么 qplot 函数会尝试建立一个,但这样做有可能使程序在错误的地方查找变量。使用 ggplot2 包的自带数据 diamonds 进行实验,代码如下:

```
> library(ggplot2)
> qplot(carat, price, data=diamonds, mian="基本用法")   #基本用法
```

可得图 1.10 所示的散点图。

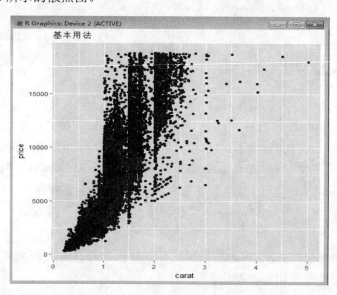

图 1.10 使用 ggplot2 包自带数据 diamonds 绘制的散点图

颜色、大小和形状是图形属性的具体内容，每个图形属性都对应一个称为标度的函数，其作用是将数据的取值映射到该图形属性的有效取值。在 ggplot2 包中，标度控制 r 点及对应的图例的外观。例如：

```
> dsmall<-diamonds[sample(nrow(diamonds),800),]  #数据处理
> qplot(carat, price, data=dsmall, colour=color) #在图中加入颜色，用变量 color 来染色，如图 1.11 所示
> qplot(carat, price, data=dsmall, shape=cut) #用变量 cut 来改变点的形状，如图 1.12 所示
```

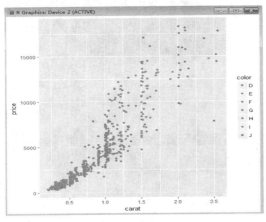

图 1.11　用变量 color 来染色　　　　图 1.12　用 cut 变量来改变点的形状

qplot 函数并非只能画散点图，通过改变几何对象（geom），它几乎可以画出任何类型的图形。几何对象描述了应该用何种形式对数据进行展示，有些几何对象关联了相应的统计变换。下面这些几何对象适用于考查二维的变量关系。

（1）geom="point"：可以绘制散点图。这是给 qplot 函数指定了 x 和 y 参数时默认的设置。

（2）geom="smooth"：将拟合一条平滑曲线，并将曲线和标准误展示在图中。

（3）geom="boxplot"：可以绘制箱线胡须图，用于概括一系列点的分布情况。

（4）geom="path"和 geom="line"：可以在数据点之间绘制连线。

（5）对于连续变量，geom="histogram"绘制直方图，geom= "freqpoly"绘制频率多边形，geom="density"绘制密度曲线。如果只有 x 参数传递给 qplot 函数，那么直方图几何对象就是默认的选择。

（6）对于离散变量，geom="bar"用来绘制条形图。

例如：

```
> qplot(carat, price,data=dsmall,geom=c("point","smooth"))#如图 1.13 所示
> qplot(carat,data=dsmall,geom="histogram")#如图 1.14 所示
> qplot(color, data=diamonds, geom="bar")#如图 1.15 所示
> qplot(carat, data=diamonds, geom="density", colour = color) #如图 1.16 所示
```

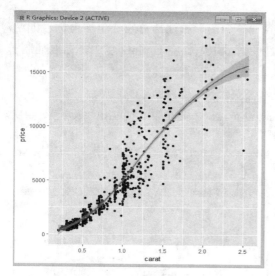

图 1.13　添加平滑曲线

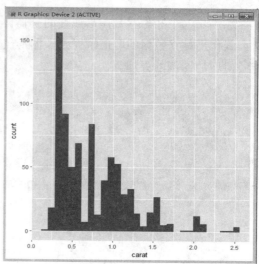

图 1.14　carat 属性直方图

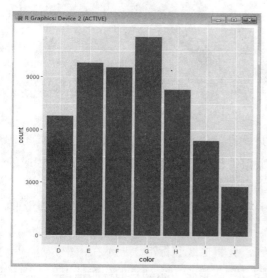

图 1.15　直方图

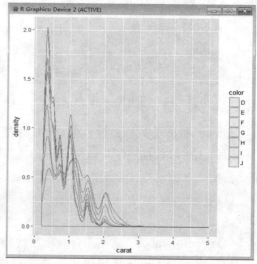

图 1.16　密度曲线

qplog 函数各参数的使用方法如下。

(1) xlim,ylim：分别设置 x 轴和 y 轴的显示区间，如 xlim=c(0, 20) 或 ylim=c(-0.9, -0.5)。

(2) log：一个字符型向量，说明对哪个坐标轴(如果有)取对数。例如，log="x" 表示对 x 轴取对数，log="xy" 表示对 x 轴和 y 轴都取对数。

(3) main：图形的主标题，放置在图形的顶端中部，以大字号显示。该参数可以是一个字符串(如 main="plot title")或一个表达式(如 main=expression(beta[1]==1))。可以运行?plotmath 命令来查看更多数学表达式的例子。

(4) xlab, ylab：分别设置 x 轴和 y 轴的标签文字，与主标题一样，这两个参数的取值可以是字符串或数学表达式。

下面的代码展示了这些参数的实际作用：

```
> qplot(carat,price,
+ data=diamonds,
+ xlab ="Price($)",ylab = "Neigbt (carats)",
+ main="Price-weight relationship"
+ ) #如图1.17所示
> qplot(
+ carat, price/carat, data=diamonds,
+ xlab ="Weight(carat)",ylab = expression(frac(price,carat)),
+ main="Small diamonds",
+ xlim=c(0.2,1)
+ ) #如图1.18所示
```

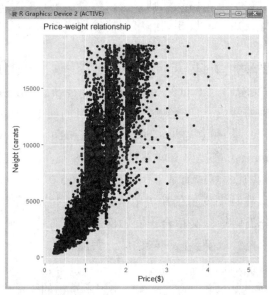
图1.17　Price-weight relationship

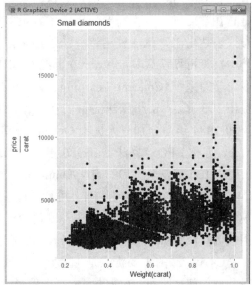
图1.18　Small diamonds

经过上面的分析可以看到qplot函数和plot函数很相似，但还是有很多不同点。

(1) qplot函数不是泛型函数，将不同类型的R对象传入qplot函数时，它并不会匹配默认的函数调用。

(2) 一般而言，可以将一个变量传递给用户感兴趣的图形属性，这样该变量将进行标度转换并显示在图例上。如果想对其进行赋值，比如让点的颜色变为红色，则可以使用I函数，即colour=I("red")。

(3) ggplot2包中的图形属性名称（如colour、shape和size）比基础绘图系统中的名称（如col、pch和cex等）更直观，且更容易记忆。

第 2 章　C4.5 算法

2.1　算法简介

决策树算法是迄今为止发展最为成熟的一种概念学习方法。作为用于分类和预测的主要技术,决策树算法着眼于从一组无规则的事例中推理出决策树表示形式的分类规则,采用自顶向下的递归方式,在决策树的内部节点进行属性值的比较,并根据不同属性值判断从该节点向下的分枝,最终在决策树的叶节点得到结论。因此,从根节点到某个叶节点就对应着一条合理规则,整棵树就对应着一组表达式规则。决策树算法的最大优点是它在学习过程中不需要使用者了解很多背景知识,只要训练事例能够用属性即结论的方式表达出来,就能使用该算法进行学习。

决策树算法最早产生于 20 世纪 60 年代,是由 Hunt 等人研究人类概念建模时建立的概念学习系统(Concept Learning System,CLS)[1]。20 世纪 70 年代末,J. Ross Quinlan 提出 ID3 算法[2],此算法的目的在于减小树的深度,但是忽略了叶子数目的研究。1977 年和 1984 年,分别有人提出 Original Tree 算法[3]和 CART(Classification and Regression Tree,亦称 BFOS)算法[4]。1986 年,Schlimmer J. C.提出 ID4 算法[5]。1988 年,Utgoff P. E.提出 ID5 算法[6]。1993 年,Quinlan 等人以 ID3 算法为基础研究出 C4.5/C5.0 算法[7]。C4.5 算法在 ID3 算法的基础上进行了改进,在预测变量的缺失值处理、剪枝技术、派生规则等方面做出了较大的改进,既适合于分类问题,又适合于回归问题,因而是目前应用较为广泛的归纳推理算法之一,在数据挖掘领域受到研究者的广泛关注。

C4.5 算法的主要优点是形象直观。该算法通过两个步骤来建立决策树:树的生成阶段和树的剪枝阶段。该算法主要基于信息论中的熵理论。熵在系统学中表示事物的无序度,是系统混乱程度的统计量。C4.5 算法基于生成的决策树中节点所含的信息熵最小的原理。它把信息增益率作为属性选择的度量标准,可以得出很容易理解的决策规则。

目前,研究人员从不同的角度对 C4.5 算法进行了相应的改进,其中有针对 C4.5 算法处理连续型属性比较耗时的改进、利用数学上的等价无穷小提高信息增益率的计算效率等。

2.2　算法基本原理

C4.5 算法并不是单一的算法,而是一系列算法,包含标准 C4.5、非剪枝 C4.5 及 C4.5-rules 等多种其他变异算法。下面介绍最基本的 C4.5 算法并叙述其相关特性。

C4.5 算法原理见表 2.1。

表 2.1 C4.5 算法原理

```
输入：一个属性值集合 D
1.  Tree ={}
2.  if  D 不能正确划为子集 or 碰到其他停止准则 then
3.     终止
4.  end if
5.  for all 属性 a ∈ D do
6.     计算属性 a 的信息度量
7.  end for
8.  a_best =根据度量值选择最适合作为根节点的属性
9.  Tree=建立一个以属性 a_best 为决策点的根节点
10. D_v =Induced sub-datasets from D based on a_best
11. for all D_v do
12.    Tree_v = C4.5(D_v)
13.    Attach Tree_v to the corresponding branch of Tree
14. end for
15. return Tree
```

C4.5 算法的框架表述非常清晰，该算法从根节点开始不断地分枝、递归、生长，直至得到最后的结果。根节点代表整个训练样本集，通过在每个节点对某个属性的测试验证，算法递归过程中将数据集分成更小的数据集。某一节点对应的子树对应着原数据集中满足某一属性测试的部分数据集。这个递归过程一直进行下去，直到某一节点对应的子树对应的数据集都属于同一个类为止。C4.5 算法的基本原理可以表述如下。

设 S 是 s 个数据样本的集合。假定类标号 $C_i(i=1,\cdots,m)$ 具有 m 个不同的值，设 S_i 是类 C_i 中的样本数。对一个给定的样本分类所需的期望信息由下式给出：

$$I(S_1,\cdots,S_m) = \sum_{i=1}^{m} p_i \log_2^{p_i} \tag{2.1}$$

其中，p_i 是任意样本属于 C_i 的概率，并用 S_i/S 来估计。

设属性 A 具有 v 个子集 $S_1,\cdots,S_v$，其中，S_j 包含 S 中这样一些样本，它们在 A 上具有值 a_j。如果 A 选作测试属性，则这些子集对应于由包含集合 S 的节点生长出来的分枝。设 S_{ij} 是子集 S_j 中类 C_i 的样本数，A 划分成子集的熵由下式给出：

$$E(A) = \sum_{i=1}^{v} \frac{S_{ij}+\cdots+S_{mj}}{S} I(S_{ij},\cdots,S_{mj}) \tag{2.2}$$

其中，项 $(S_{ij}+\cdots+S_{mj})/S$ 充当第 j 个子集的权，且等于子集（A 值为 a_j）中的样本个数除以 S 中的样本总数。熵值越小，子集划分的纯度就越高。对于给定的子集 S_j 有：

$$I(S_{1j},S_{2j},\cdots,S_{mj}) = -\sum_{i=1}^{m} p_{ij} \log_2^{p_{ij}} \tag{2.3}$$

其中，p_{ij} 是 S_j 中的样本属于类 C_i 的概率，$p_{ij} = S_{ij}/S_j$。

在 A 上分枝将获得的编码信息是：

$$\text{Gain}(A) = I(S_1, \cdots, S_m) - E(A) \tag{2.4}$$

以上过程中，C4.5 算法和 ID3 算法的基本原理相同，而在后面使用信息增益率来取代信息增益，即

$$\text{SplitInfo}(S, A) = -\sum_{i=1}^{c} \frac{|S_1|}{|S|} \log_2 \frac{|S_1|}{|S|} \tag{2.5}$$

其中，$S_1 \sim S_c$ 是 c 个值的属性 A 分割 S 而形成的 c 个样本子集。如按照属性 A 把 S 集（含 30 个例子）分成了 10 个例子和 20 个例子两个集合，则 $\text{SplitInfo}(S, A) = -1/3\log_2(1/3) - 2/3\log_2(2/3)$。

这时，在属性 A 上所得到的信息增益率为：

$$\text{GainRatio}(S, A) = \frac{\text{Gain}(S, A)}{\text{SplitInfo}(S, A)} \tag{2.6}$$

其中，$\text{Gain}(S, A)$ 与 ID3 算法中的信息增益相同，而分裂信息 $\text{SplitInfo}(S, A)$ 代表了按照属性 A 分裂样本集 S 的广度和均匀性。

C4.5 算法计算每个属性的信息增益率，具有最高信息增益率的属性选作给定集合 S 的测试属性。创建一个节点，并以该属性标记，对属性的每个值都创建分枝，并据此划分样本。

C4.5 算法与 ID3 算法的不同主要在于其对以下几个方面进行了改变。

(1) 用信息增益率来选择属性。

C4.5 克服了用信息增益来选择属性时偏向选择值多的属性的不足。信息增益率的定义见式(2.6)。

(2) 可以处理连续型描述属性。

C4.5 算法既可以处理离散型描述属性，也可以处理连续型描述属性。在选择某节点上的分枝属性时，对于离散型描述属性，C4.5 算法的处理方法与 ID3 相同，按照该属性本身的取值个数进行计算。对于某个连续型描述属性 A_c，假设在某个节点上的数据集的样本数量为 total，C4.5 算法将进行以下处理。

① 将该节点上的所有数据样本按照连续型描述属性的具体数值，由小到大进行排序，得到属性值的取值序列 $\{A_{1c}, A_{2c}, \cdots, A_{\text{total},c}\}$。

② 将取值序列生成 total−1 个分割点。第 i ($0<i<\text{total}$) 个分割点的取值设置为 $V_i = (A_{ic} + A_{(i+1)c}) / 2$，它可以将该节点上的数据集划分为两个子集。

③ 从 total−1 个分割点中选择最佳分割点。对于每个分割点划分数据集的方式，C4.5 算法都计算它的信息增益率，并且选择信息增益率最大的分割点来划分数据集。

(3) 采用一种后剪枝方法

该方法是用训练样本本身来估计剪枝前后的误差，从而决定是否真正剪枝，避免了树的高度无节制地增长，也就避免了过度拟合数据。该方法中使用的公式如下：

$$\Pr\left[\frac{f-q}{\sqrt{q(1-q)/N}} > z\right] = c \tag{2.7}$$

其中，N 为实例的数量；f 为观察到的误差率，$f = E/N$（E 为 N 个实例中分类错误的个数）；q 为真实的误差率；c 为置信度（C4.5 算法的一个参数，默认值为 0.25）；z 为对应于置信度 c 的标准差，其值可根据 c 的设定值通过查正态分布表得到。通过该公式即可计算出真实误差率 q 的一个置信区间上限，用此上限为该节点误差率 e 做一个悲观的估计：

$$e = \frac{f + \frac{z^2}{2N} + z\sqrt{\frac{f}{N} - \frac{f^2}{N} + \frac{z^2}{4N^2}}}{1 + \frac{z^2}{N}} \tag{2.8}$$

通过判断剪枝前后 e 的大小决定是否需要剪枝。

（4）对于缺失值的处理。

在某些情况下，可供使用的数据可能缺少某些属性的值。假设 $\langle x, c(x) \rangle$ 是样本集 S 中的一个训练实例，但是其属性 A 的值 $A(x)$ 未知。处理缺少属性值的一种策略是赋给它节点 n 所对应的训练实例中该属性的最常见值；另一种更复杂的策略是为 A 的每个可能值都赋予一个概率。例如，给定一个布尔属性 A，如果节点 n 包含 6 个已知 $A=1$ 和 4 个 $A=0$ 的实例，那么 $A(x)=1$ 的概率是 0.6，而 $A(x)=0$ 的概率是 0.4。于是，实例 x 有 60% 的概率被分配到 $A=1$ 的分枝，40% 的概率被分配到另一个分枝。这些片断样例（fractional examples）的目的是计算信息增益。另外，如果有第二个缺失值的属性必须被测试，那么这些样例可以在后继的树分枝中被进一步细分。C4.5 就是使用这种方法处理缺少的属性值。

2.3 算法的 R 语言实现

2.3.1 ctree 函数介绍

C4.5 通过信息增益率来建立决策树，其主要函数 ctree 的参数介绍见表 2.2。

表 2.2 ctree 函数的参数介绍

函数 参数	ctree(formula, data, subset = NULL, weights = NULL, controls = ctree_control())
formula	回归方程形式
data	包含前面方程中变量的数据框（data.frame）
subset	拟合过程中使用的观察子集的向量
weights	在拟合过程中使用的可选的权重向量。只允许非负的整数值权重
controls	条件推理树的控件，控制适合 ctree 的参数

2.3.2 C4.5 决策树的 R 语言实例

步骤 1，数据集准备：

```
library(sampling)   #用于实现数据分层随机抽样、构造训练集和测试集
```

```
library(party)  #用于实现决策树算法
set.seed(100)  #设置随机数种子,可以获得相同的随机数
head(iris); str(iris); dim(iris)
sub_train = strata(iris,stratanames = "Species",size = rep(35,
3),method = "srswor")
data_train = iris[sub_train$ID_unit, ]    #构造训练集
data_test = iris[-sub_train$ID_unit, ]    #构造测试集
```

步骤 2,建立模型:

```
iris_tree = ctree(Species ~ ., data = data_train) #建立模型
```

步骤 3:结果显示:

```
plot(iris_tree)
plot(iris_tree,type="simple")
```

显示结果如图 2.1 所示。

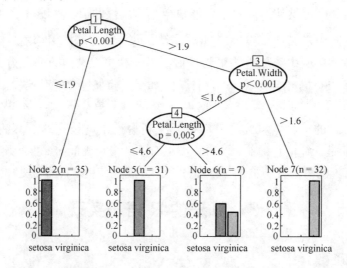

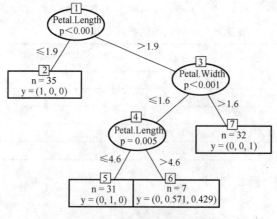

图 2.1 决策树图

步骤4，训练集和测试集的预测结果显示：

```
    test_pre = predict(iris_tree,newdata = data_test)
    table(test_pre,data_test$Species)   #预测结果展示
    correct = sum(as.numeric(test_pre)==as.numeric(data_test$Species))/nrow(data_test)
    table(predict(iris_tree),data_train$Species)
    correct = sum(as.numeric(predict(iris_tree))==as.numeric(data_train$Species)) /nrow(data_train)
```

训练集和测试集的预测结果见表2.3。

表2.3 训练集和测试集的预测结果

test_pre	data_test（测试集）				data_train（训练集）			
	setosa	versicolor	virginica	correct	setosa	versicolor	virginica	correct
Setosa	15	0	0	0.9333	35	0	0	0.9714
Versicolor	0	13	1		0	35	3	
Virginica	0	2	14		0	0	32	

可以看出，此模型测试集准确率为93.33%，训练集准确率为97.14%。

2.4 小　　结

1．C4.5算法的主要优点

(1)产生的分类规则易于理解，准确率较高。

(2)能处理非离散化数据和不完整数据。

2．C4.5算法的主要缺点

(1)在构造树的过程中，需要对数据集进行多次顺序扫描和排序，因而导致了算法的低效。

(2)只适合于能够驻留于内存的数据集，当训练集大得无法在内存中容纳时程序无法运行。

(3)对训练样本数量和质量要求较高，对空值的适应性较差。

3．C4.5算法相关的决策树研究方向

(1)特征选择：截至目前，特征选择对基于树/规则的有监督学习的重要性仍然没有得到有效评估。对于给定的数据，一些特征可能与预测的类别并没有关系，而另一些特征又或者是多余的。通过特征选择，对冗余的特征进行缩减而得到一个更小的特征子集，或许能够提高决策树效率。

(2)组合方法：已经成为机器学习和数据挖掘领域的支柱方法之一。其中的装袋法与推举法是应用最为广泛的两种方法。装袋法是针对训练数据进行随机重新采样，对所有样本都诱导出一棵树,随后再使用表决等方法将所有树的预测结果组合为一个输出结果。而推举法会产生多个分类器，每个训练数据都要依赖于前一个步骤得到的分类器。无法

被正确分类的样本在下一步中会被赋予更大的权重,最终从所有单个分类器的预测结果中汇总得出综合结果。

(3)分类规则:有两种分类规则的思路类似于 C4.5 算法的规则,可以根据其原始特征完成松散的分类,如预测性与描述性分类器,但最近的研究模糊了这两种分类的界限。一些算法可以被组织为自下而上或自上而下的方法,通常被组织为"顺序发现"的规则来开发范例,规则覆盖的实例从训练集中删除,引发新的规则。在自下而上的方法中,通过连接属性来引发规则和单个实例的类值,形成结合的属性,然后系统地删除规则以查看规则的预测准确性改进,通常进行局部波束搜索,而不是全局搜索。在将此规则添加到理论之后,规则所涵盖的实例将被删除,并且新的规则是从剩余的数据引发的。类似地,自上而下的方法会开启一个空白的规则,预测类的值并系统地添加属性测试,以识别合适的规则。

(4)增量学习:当前 C4.5 算法存在的主要缺陷之一就是不具备增量学习能力。也就是说,当 C4.5 算法利用某一实例集训练学习生成决策树模型(或导出规则)之后,如果需要将少许新增实例的知识添加到原先模型中,则 C4.5 算法是无能为力的,除非利用原有实例及新增实例重新训练学习。这样,对于原先实例数量较大、新增实例数量较少的情况,放弃原有知识、重新学习的代价就比较大。因此,在机器学习方面,增量学习能力非常重要。因为在解决真实世界问题时,很难在训练系统投入使用之前就得到所有可能的训练实例。另外,对一个训练好的系统进行更新的时间代价通常小于重新训练所需的时间代价。

参 考 文 献

[1] Quinlan J R. discovering rules from large collections of examples: a case study[J]. Expert Systems in the Micro Eletronic Age, Edinburgh University Press,1979.

[2] Quinlan J R. induction of decision tree[J]. Machine Learning, 1986, 1(1):81-106.

[3] Friedman J H. recursive partitioning decision rule for nonparametric classification[J]. IEEE Transactions on Computers, 1977, C-26(4):404-408.

[4] Friedman J H, Brejman L, et al. classification and Regression Tree[J]. Wadsworth International Group,1984.

[5] Schlimmer J C, Fisher D H. a case study of incremental concept induction[C]. National Conference on Artificial Intelligence, Volume 1: Science. DBLP, 1986: 496-501.

[6] Utgoff P E. ID5: an incremental ID3[J]. Machine Learning Proceedings, 1988, 192(6):107-120.

[7] Quinlan J R. rule induction with statistical data-a comparision with multiple regressions[J]. Journal of the Operational Research Society. 1993,(38):347-352.

第 3 章 k-means 算法

3.1 算法简介

本章将介绍 k-means 算法，它是一种直接的、应用广泛的聚类算法，它给出一组对象（记录），聚类或分类的目标是把这些对象分割成组或集群，使得这些对象相比于组间，在组内更趋于相似。换句话说，聚类算法是把相似的点放在一个群里，同时把差异性大的点放在不同的群里。注意到，对比于回归和分类这些监督任务，它们都有一种目标价值或类标签的概念。然而，聚类算法中的对象由输入对象到集群输出的过程并不需要一个相关的目标。因此，聚类常被归纳为无监督学习，因为它并不需要事先标记的数据。无监督的算法适合于有很多标识的数据，很难被获得的应用。聚类这种无监督的任务在运行一个有监督学习任务前，也常常被用来探索和特性化数据集，因为聚类不适用类标签，一些相似性的概念必须定义在对象属性的基础上。因此，不同的聚类算法适合于不同类型的数据集和不同的用途。

k-means 算法是一种简单的迭代聚类算法，即将一个被给定的数据集划分成用户指定的 k 个簇类。该算法在实践中容易实施和运行，速度相对较快，也非常容易修改，是数据挖掘算法中非重要的算法之一。

历史上，有许多不同领域的学者对 k-means 算法进行过研究，包括 Lloyd[1]、Forgey(1965)[2]、Friedman 与 Rubin(1967)[3]、McQueen(1967)[4]等人。Jain 与 Dubes[5]等人详细介绍了 k-means 算法的发展历史和多种变体。Gray 与 Neuhoff[6]则以爬山算法为背景，对 k-means 算法进行了详尽的论述。

3.2 算法基本原理

k-means 算法主要应用于 d 维向量空间中的一些点。因此，它针对 d 维向量 $D=\{x_i | i=1,\cdots,N\}$ 进行聚类，其中 $x_i \in \mathcal{R}^d$ 表示第 i 个数据点。k-means 算法就是将 D 数据集划分为 k 个簇类的聚类算法，也就是对 D 中所有的数据点进行聚类分析，使每一点 x_i 属于且仅属于 k 个分类中的一个，并且通过给每个点指定类别 ID 来记录每个点的划分结果。相同 ID 的点属于同一个簇类，不同 ID 的点属于不同的簇类。

k 值是这个算法的一个重要输入。实际上，k 值依赖于一些先验知识。例如，根据先前的知识已经知晓有多少个类别出现在数据集中，或者现在的应用希望获得多少个类别，又或者通过探索和试验不同的 k 值来获得合适的簇类信息。如何选取 k 值对理解 k-means

如何划分数据集 D 并不是必需的。我们将在稍后的章节讨论当 k 值没有预定时，应如何选取 k 值。

在 k-means 算法里，每个簇类都可以用 $\mathcal{R}^d$ 中的一个点来表示。我们用 $C = \{c_j \mid j = 1, \cdots, k\}$ 来表示这些簇类。这 k 个簇类代表也被称为聚簇均值或聚簇中心。

聚类算法一般依照"亲密度"或"相似度"等概念对点集合进行分组。在 k-means 算法中，默认的衡量亲密度的度量标准是欧氏距离。k-means 算法的实质是最小化一个如下的非负代价函数：

$$\text{Cost} = \sum_{i=1}^{N}(\text{argmin}_j \|x_i - c_j\|_2^2) \tag{3.1}$$

换句话说，k-means 算法最小化的目标是每个点 x_i 和距它最近的簇类代表 c_j 之间的欧氏距离的平方和。式(3.1)通常被称为 k-means 的目标函数。

k-means 算法原理见表 3.1。

表 3.1 k-means 算法原理

```
输入：数据集 D，簇类数 k
输出：簇类代表集合 C，簇类成员向量 m
/*初始化簇类代表 C*/
从数据集 D 中随机挑选 k 个数据点
使用这 k 个数据点构成初始簇类代表集合 C
repeat
    /*再分数据*/
    将 D 中的每个数据点都重新分配至与之最近的聚簇均值
    更新 m（m_i 表示 D 中第 i 个点的簇类标识）
    /*重定均值*/
    更新 C（C_j 表示第 j 个聚簇均值）
until 目标函数 ∑_{i=1}^{N}(argmin_j ||x_i - c_j||_2^2) 收敛
```

给定训练样本 $\{x_1, x_2, \cdots, x_m\}$，$x_i \in \mathcal{R}^d$，k-means 算法的具体步骤如下。

(1) 选取 k 个聚簇中心，分别为 $u_1, u_1, \cdots, u_k \in \mathcal{R}^d$。

(2) 根据下式计算每个样本 i 的所属类别 c_i：

$$c_i = \arg\min_j \|x_i - u_j\|^2 \tag{3.2}$$

即样本到聚簇中心欧式距离最小的簇类。

(3) 根据下式更新每个簇类的中心点 u_j：

$$u_j = \frac{\sum_{i=1}^{m} x_i \mid c_i = j}{\sum_{i=1}^{m} 1 \mid c_i = j} = \frac{\text{簇类 } j \text{ 中所有样本特征和}}{\text{簇类 } j \text{ 中的样本个数}} \tag{3.3}$$

(4) 不断重复步骤(2)、(3)，直至下列测度函数 $J(c, u)$ 收敛：

$$J(c,u)=\sum_{i=1}^{m}\left\|x_1 - u_{c(i)}\right\|^2 \tag{3.4}$$

即所有样本到其聚簇中心的欧式距离平方和收敛。

k-means 算法的工作过程说明如下：首先从 n 个数据对象中任意选择 k 个作为初始聚簇中心；而对于其他对象，则根据它们与这些聚簇中心的距离，分别分配给与其最相似的（聚簇中心所代表的）簇类；然后计算每个所获新簇类的聚簇中心（该簇类中所有对象的均值）；不断重复这一过程直到标准测度函数收敛为止。一般都采用均方差作为标准测度函数。该簇类具有以下特点：簇类本身尽可能紧凑，而各簇类之间尽可能分开。

3.3 算法的 R 语言实现

3.3.1 kmeans 函数介绍

在 k-measn 算法中，质心的定义是簇类原型的核心。kmeans 函数包括 centers、iter.max、nstart、algorithm 等参数，具体见表 3.2。

表 3.2　cluster 包中 kmeans 函数的参数介绍

函数 参数	kmeans(x, centers, iter.max = 10, nstart = 1，algorithm =c("Hartigan-Wong", "Lloyd", "Forgy", "MacQueen"))
x	簇类对象
centers	簇类个数或聚簇中心
iter.max	允许的最大迭代次数
nstart	初始被随机选择的聚簇中心
algorithm	4 种算法选择，默认为 Hartigan-Wong

3.3.2 k-means 聚类的 R 语言实例

步骤 1，数据集准备及其描述：

```
n = 100
g=6
set.seed(g)
d<-data.frame(x=unlist(lapply(1:g,function(i) rnorm(n/g,runif(1)*i^2))),
y = unlist(lapply(1:g, function(i) rnorm(n/g, runif(1)*i^2))))  #生成数据集
```

步骤 2，计算簇类数 k 值：

```
library(cluster)
library(fpc)
pamk.best <- pamk(d)
par(mfrow=c(1,2))
cat("number of clusters estimated by optimum average silhouette width:", pamk.best$nc, "\n")
plot(pam(d,pamk.best$nc),main='')
```

结果显示如图 3.1 和图 3.2 所示。

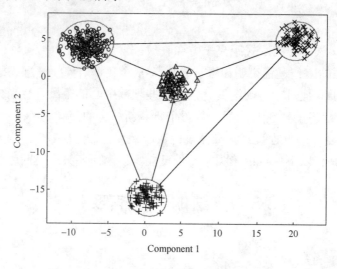

图 3.1 两成分描述的点的簇类数估计

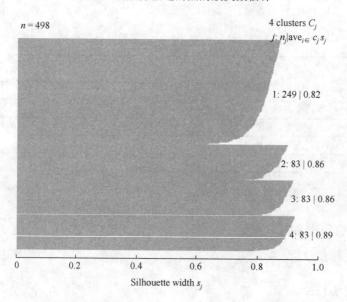

图 3.2 最佳平均轮廓宽度簇类数估计

从簇类数估计来看，簇类数设置为 4 为最佳。
步骤 3，聚类结果展示及其可视化：

```
cl <- kmeans(d,pamk.best$nc); cl
plot(d,col = cl$cluster))+points(cl$centers,col=3:6 , pch=12 , cex=1)
```

结果显示如图 3.3 所示。常见聚类结果参数见表 3.3。

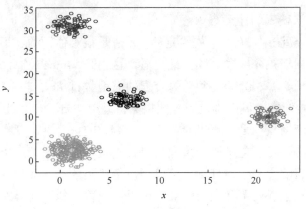

图 3.3 k-means 聚类结果

表 3.3 常见聚类结果参数介绍

参　　数	意　　义
cluster	一个整数向量，用于表示记录所属的簇类
centers	一个矩阵，表示每个簇类中各个变量的中心点
totss	所生成簇类的总体距离平方和
withinss	各个簇类组内的距离平方和
tot.withinss	簇类组内的距离平方和总量
betweenss	簇类组间的聚类平方和总量
size	每个簇类组中成员的数量

3.4 小　　结

1．k-means 算法的主要优点

(1) k-means 算法是解决聚类问题的一种经典算法，算法简单、快速。

(2) 对于处理大数据集，该算法是相对可伸缩和高效的，因为它的复杂度大约是 $O(nkt)$。其中，n 是所有对象的数目，k 是簇类的数目，t 是迭代的次数，通常 $k<<n$。这个算法经常以局部最优结束。

(3) 该算法尝试找出使平方误差函数值最小的 k 个划分。当簇类是密集的、球状或团状的，而簇类与簇类之间区别明显时，它的聚类效果很好。

2．k-means 算法的主要缺点

(1) k-means 算法只有在簇类的平均值被定义的情况下才能使用，不适用于某些应用，如涉及有分类属性的数据。

(2) 要求用户必须事先给出要生成的簇类的数目 k。

(3) 对初值敏感，对于不同的初始值可能会导致不同的聚类结果。

(4) 不适合于发现非凸面形状的簇类，或者大小差别很大的簇类。

(5) 对于"噪声"和孤立点数据敏感，少量的该类数据能够对平均值产生极大影响。

3. k-means 算法研究的注意事项

(1) 在 k-means 算法中，k 是事先给定的，k 值是很难估计的。很多时候，我们事先并不知道给定的数据集被分成多少簇类最合适，这也是 k-means 算法的一个不足。有的算法是通过类的自动合并和分裂得到较为合理的类型数目 k，如 ISODALA 算法。关于 k-means 算法中簇类数目 k 值的确定，有些根据方差分析理论，应用混合 F 统计量来确定最佳分类数，并应用模糊划分熵来验证最佳分类数的正确性。现在有一种结合全协方差矩阵的 RPCL 算法，可以逐步删除那些只包含少量训练数据的簇类。而其中使用的是一种称为次胜者受罚的竞争学习规则，可自动决定簇类的适当数目。它的思想是：对每个输入而言，不仅竞争获胜单元的权值被修正以适应输入值，而且对次胜单元采用惩罚的方法，使之远离输入值。

(2) k-means 算法中常采用误差平方和准则函数作为聚类准则函数。考查误差平方和准则函数发现，如果各簇类之间区别明显且数据分布稠密，则误差平方和准则函数比较有效；但是如果各簇类的形状和大小差别很大，则为使误差平方和的值达到最小，有可能出现将大的簇类分割的现象。此外，在运用误差平方和准则函数测度聚类效果时，最佳聚类结果对应于目标函数的极值点，由于目标函数存在许多局部极小点，而算法的每一步都是沿着目标函数减小的方向进行，若初始化落在了一个局部极小点附近，就会造成算法在局部极小处收敛。因此，初始聚簇中心的随机选取可能会形成局部最优解，而难以获得全局最优解。

针对使用误差平方和准则函数的聚类算法难以划分形状差异较大的簇类，有研究采用了基于代表点的处理方法，并取得了较优的聚类效果；而对于初值选取影响聚类效果的情况，最简单的措施就是随机选取不同的初始值多次执行该算法，然后选取最好的结果；有些算法亦采用了全局优化方法中的模拟退火技术，以摆脱局部最小；还有的算法采用多次取样数据集二次聚类，以获取最优初值的思想（对多次提取的样本聚类产生新的多组聚簇中心，并对这些聚簇中心再次聚类，比较聚类结果从而得到最优的初值）。

(3) 从 k-means 算法框架可以看出，该算法需要不断地进行样本分类调整，不断地计算调整后的新的聚簇中心。当数据量非常大时，该算法的时间开销是非常大的，所以需要对算法的时间复杂度进行分析、改进，以扩大算法应用范围。有研究从该算法的时间复杂度分析考虑，通过一定的相似性准则去掉聚簇中心的候选集。而在有些文献中，使用的 k-means 算法是对样本数据进行聚类，无论是初始点的选择，还是一次迭代完成时对数据的调整，都建立在随机选取的样本数据的基础之上，这样可以提高算法的收敛速度。

参 考 文 献

[1] Lloyd S P. least squares quantization in PCM[J]. IEEE Trans, 1982, 28(2):129-137.

[2] Forgy E W. cluster analysis of multivariate data: eIciency versus interpretability of classi7cations[J]. Biometric Society Meetings, Riverside, CA（Abstract in: Biometrics, 1965, 21(3):41-52.

[3] Friedman H P, Rubin J. on some invariant criteria for grouping data[J]. Publications of the American Statistical Association, 1967, 63(320):1159-1178.

[4] McQueen J. some methods for classifition and analysis of mutivariate observations[J]. Math, Statistics and Probability,1967,1(1):281-196.

[5] Jain A K, Dubes R C. algorithms for clustering data[J]. Technometrics, 1988, 32(2):227-229.

[6] Gray R M, Neuhoff D L. Quantization[J]. IEEE Transactions on Information Theory, 1998, 44(6):2325-2383.

第 4 章 CART 算法

4.1 算法简介

分类与回归树(Classification and Regression Trees, CART)算法是由 Leo Breiman[1-3]、Jerome Friedman[4,5]、Richard Olshen 与 Charles Stone 于 1984 年提出的,是继 C4.5 算法之后在数据挖掘、机器学习等领域的又一个里程碑。CART 算法将概率论和统计学的知识引用到决策树的研究中,既可用于分类,也可用于回归。本章主要介绍用于分类的 CART 算法。

CART 算法包括的基本过程有分裂、剪枝和树选择等。不同于 C4.5 算法,CART 算法的本质是对特征空间进行二元划分(CART 生成的决策树是一棵二叉树),并能够对标量属性(nominal attribute)与连续属性(continuous attribute)进行分裂。

CART 算法是一种二分递归分割技术,把当前样本划分为两个子样本,使得生成的每个非叶子节点都有两个分枝,因此生成的决策树是结构简洁的二叉树。CART 算法构成的是一个二叉树,在每步的决策时只能是"是"或"否",即使一个特征有多个取值,也把数据分为两部分。CART 算法主要分为以下两个步骤。

(1)将样本递归划分进行建树。
(2)用验证数据进行剪枝。

由于 CART 算法中是没有停止准则的,所以决策树会一直生长到最大尺寸,如果构建的决策树模型十分复杂,那么就有必要对决策树进行剪枝。CART 使用的剪枝方法是代价复杂度剪枝,该方法从生成的树开始,每次都从训练数据中选择对整体分类效果贡献最小的一个属性分枝并将其叶节点去掉,如此反复直到达到目标要求或只剩根节点。

4.2 算法基本原理

4.2.1 CART 算法的建树

前面说到了 CART 算法分为两个步骤,其中第一个步骤是将样本递归划分建立二叉树,那么它是如何进行划分的?

设 x_1、x_2、$\cdots$、x_n 分别代表单个样本的 n 个属性,y 代表所属类别。CART 算法通过递归的方式将 n 维空间划分为不重叠的矩形,大致步骤如下。

(1)选一个自变量 x_i,再选取 x_i 的一个值 v_i,v_i 把 n 维空间划分为两部分,一部分的点满足 $x_i \leq v_i$,另一部分的点满足 $x_i > v_i$。对非连续变量来说,属性值的取值只有两个,即等于该值或不等于该值。

(2)递归处理。将上面得到的两部分按步骤(1)重新选取一个属性继续划分,直到把整个 n 维空间都划分完。

在划分的时候有一个问题,它是按照什么标准来划分的?

CART 决策树分裂的目的是让数据变纯,使决策树输出的结果更接近真实值。CART 决策树评价节点纯度的标准如下:

对于一个变量属性来说,它的划分点是一对连续变量属性值的中点。假设有 m 个样本的集合,每个属性都有 m 个连续的值,那么会有 $m-1$ 个分裂点,分裂点为相邻两个连续值的均值。每个属性的划分都按照能减少的杂质量来进行排序,而杂质的减少量定义为划分前的杂质减去划分后每个节点的杂质量所占比例之和。杂质度量方法常用 Gini 指标,假设一个样本共有 C 类,那么一个节点 A 的 Gini 不纯度可定义为

$$\text{Gini}(A) = 1 - \sum_{i=1}^{C} p_i^2 \tag{4.1}$$

其中,p_i 表示属于 i 类的概率。当 $\text{Gini}(A)=0$ 时,所有样本属于同类;所有类在节点中以等概率出现时,$\text{Gini}(A)$ 最大,为 $C(C-1)/2$。CART 算法总是优先选择使子节点的 Gini 值最小的属性进行分裂。

有了上述理论基础,实际的递归划分过程是这样的:如果当前节点的所有样本都不属于同一类或者只剩下一个样本,那么此节点为非叶子节点,所以会尝试样本的每个属性及每个属性对应的分裂点,尝试找到杂质变化量最大的一个划分,该属性划分的子树即为最优分枝。

CART 算法流程与 C4.5 算法类似,具体如下。

(1)若满足停止分裂条件(样本个数小于预定阈值),或 Gini 值小于预定阈值(样本基本属于同一类,或没有特征可供分裂),则停止分裂。

(2)否则,选择最小 Gini 值进行分裂。

(3)递归执行步骤(1)、步骤(2),直至停止分裂。

根据这样的分裂规则,CART 算法就能完成建树过程。建树完成后就进行第二步,即根据验证数据进行剪枝。在 CART 算法的建树过程中,可能存在过拟合,许多分枝中反映的是数据中的异常,这样的决策树对应分类的准确性不高,因此需要检测并减去这些不可靠的分枝。决策树常用的剪枝有事前剪枝和事后剪枝,CART 算法采用事后剪枝,具体方法为代价复杂性剪枝法。

4.2.2 CART 算法的剪枝

CART 算法与 C4.5 算法的剪枝策略相似,均以极小化整体损失函数实现。定义决策树 T 的损失函数

$$L_\alpha(T) = C(T) + \alpha |T| \tag{4.2}$$

其中,$C(T)$ 为决策树的训练误差;α 为调节参数;$|T|$ 为模型的复杂度。CART 算法采用递归的方法进行剪枝,具体办法如下。

(1)将 α 递增排列，即 $0 = \alpha_0 < \alpha_1 < \alpha_2 < \cdots < \alpha_n$，计算得到对应于区间 $[\alpha_i, \alpha_{i+1})$ 的最优子树 T_i。

(2)从最优子树序列 $\{T_1, T_2, \cdots, T_n\}$ 中选出最优(损失函数最小)的子树。

如何计算最优子树 T_i 呢？首先，定义以 t 为单节点的损失函数

$$L_\alpha(t) = C(t) + \alpha \tag{4.3}$$

以 t 为根节点的子树 T_t 的损失函数为

$$L_\alpha(T_t) = C(T_t) + \alpha|T_t| \tag{4.4}$$

令 $L_\alpha(t) = L_\alpha(T_t)$，得到

$$\alpha = \frac{C(t) - C(T_t)}{|T_t| - 1} \tag{4.5}$$

此时，单节点 t 与子树 T_t 有相同的损失函数，而单节点 t 的模型复杂度更低，故更为可取；同时也说明对节点 t 的剪枝为有效剪枝。由此，定义对节点 t 剪枝后整体损失函数减少程度为

$$g(t) = \frac{C(t) - C(T_t)}{|T_t| - 1} \tag{4.6}$$

剪枝流程如下。

(1)对输入决策树 T_0 自上而下计算内部节点的 $g(t)$，选择最小的 $g(t)$ 作为 α_1，并进行剪枝得到 T_1，其为区间 $[\alpha_1, \alpha_2)$ 对应的最优子树。

(2)对 T_1 再次自上而下计算内部节点的 $g(t)$。

(3)如此递归地得到最优子树序列，采用交叉验证选取最优子树。

4.2.3 算法过程实例

举个简单的例子，如图 4.1 所示是某个银行的资料，记录了用户的信息及是否为拖欠贷款的人。我们可以用 CART 算法构建一个决策树模型，这样银行在有新用户来申请贷款时就可以根据该决策树模型指标来评价是否要给该用户贷款。

有房者	婚姻状况	年收入	拖欠贷款者
是	单身	125K	否
否	已婚	100K	否
否	单身	70K	否
是	已婚	120K	否
否	离异	95K	是
否	已婚	60K	否
是	离异	220K	否
否	单身	85K	是
否	已婚	75K	否
否	单身	90K	是

图 4.1 用户贷款信息

在图 4.1 中，属性有 3 个，分别是有房者、婚姻状况和年收入。其中，有房情况和婚姻状况是离散的取值，而年收入是连续的取值；拖欠贷款者属于分类的结果。现在来看有房者属性，按照它划分后的 Gini 值计算如下：

	有房	无房
否	3	4
是	0	3

$Gini(t_1)=1-(3/3)^2-(0/3)^2=0$
$Gini(t_2)=1-(4/7)^2-(3/7)^2=0.4849$
$Gini=0.3\times 0+0.7\times 0.4898=0.343$

对于婚姻状况属性，它的取值有 3 种，而 CART 算法是二元划分的，所以只能将这个属性分为两类，这就有 3 种不同的划分方式，按照每种方式的属性值分裂后计算 Gini 值，最终结果中取 Gini 值最小的划分方式为最优分割，具体如下：

	单身或已婚	离异
否	6	1
是	2	1

$Gini(t_1)=1-(6/8)^2-(2/8)^2=0.375$
$Gini(t_2)=1-(1/2)^2-(1/2)^2=0.5$
$Gini=8/10\times 0.375+2/10\times 0.5=0.4$

	单身或离异	已婚
否	3	4
是	3	0

$Gini(t_1)=1-(3/6)^2-(3/6)^2=0.5$
$Gini(t_2)=1-(4/4)^2-(0/4)^2=0$
$Gini=6/10\times 0.5+4/10\times 0=0.3$

	离异或已婚	单身
否	5	2
是	1	2

$Gini(t_1)=1-(5/6)^2-(1/6)^2=0.2778$
$Gini(t_2)=1-(2/4)^2-(2/4)^2=0.5$
$Gini=6/10\times 0.2778+4/10\times 0.5=0.3667$

最后还有一个年收入属性，它的取值是连续的，仍要将其分为两类（工资少于某个数是一类，其余的是另一类）。对于连续值，可以取两个人工资的平均值作为分裂的标准，连续取值采用不同分裂点进行计算，Gini 值如下：

	60		70		75		85		90		95		100		120		125		220	
	65		72		80		87		92		97		110		122		172			
	≤	>	≤	>	≤	>	≤	>	≤	>	≤	>	≤	>	≤	>	≤	>	≤	>
是	0	3	0	3	0	3	1	2	2	1	3	0	3	0	3	0	3	0		
否	1	6	2	5	3	4	3	4	3	4	3	4	4	3	5	2	6	1		
Gini	0.400		0.375		0.343		0.417		0.400		0.300		0.343		0.375		0.400			

在进行上述计算后，取具有最小 Gini 值的属性作为分叉点，本例第 1 步可选择婚姻状况或年收入作为分叉点。构建的决策树模型如图 4.2 所示。

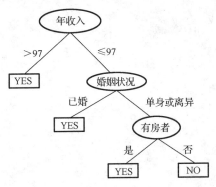

图 4.2 贷款用户分类的决策树模型

4.3 算法的 R 语言实现

4.3.1 rpart 函数介绍

CART 决策树通常用 rpart 函数来实现。rpart 函数参数见表 4.1。

表 4.1 rpart 函数参数

参数 \ 函数	rpart(formula, data,na.action=na.rpart, x=FALSE, y=TRUE, parms, cost, split , control, …)
formula	回归方程形式
data	包含前面方程中变量的数据框（data .frame）
na. action	缺失数据的处理办法
x	在结果中保留矩阵的副本
y	在结果中保留因变量的副本
parms	设置 3 个参数：先验概率、损失矩阵、分类纯度的度量方法
cost	非负成本的向量，对应模型中的每一个变量。向量中的元素是考虑分割时要应用的标量，默认值为 1
split	可以是 Gini（基尼系数）或 information（信息增益）
control	控制每个节点上的最小样本量、交叉验证的次数

4.3.2 CART 决策树的 R 语言实例

步骤 1，数据预处理，建立训练集和预测集：

```
loc<-"http://archive.ics.uci.edu/ml/machine-learning-databases/"
ds<-"breast-cancer-wisconsin/breast-cancer-wisconsin.data"
url<-paste(loc,ds,sep="")
data<-read.table(url,sep=",",header=F,na.strings="?")   #读取数据
names(data)<-c("ID","clumpThickness","sizeUniformity","shapeUniformity","maginalAdhesion","singleEpithelialCellSize","bareNuclei","blandChromatin","normalNucleoli","mitosis","class")
data$class[data$class==2]<-"良性"; data$class[data$class==4]<-"恶性"   #数据集预处理
data<-data[-1];
set.seed(1234)
train<-sample(nrow(data),0.7*nrow(data))
tdata<-data[train,];
vdata<-data[-train,]
```

步骤 2，用 rpart 函数构建树：

```
library(rpart)
dtree<-rpart(class~.,data=tdata,method="class", parms=list(split="gini"))
printcp(dtree)
```

结果如下：

```
Classification tree:
```

```
rpart(formula = class ~ ., data = tdata, method = "class", parms = list(split = "gini"))
    Variables actually used in tree construction:
[1] bareNuclei    sizeUniformity
Root node error: 160/489 = 0.3272
n= 489
          CP      nsplit    rel error    xerror    xstd
    1  0.80000      0       1.00000      1.00000   0.064846
    2  0.08125      1       0.20000      0.23125   0.036551
    3  0.01000      2       0.11875      0.20625   0.034671
```

步骤3，prune 剪枝，提高模型的泛化能力：

```
dtree$cptable   #剪枝前的复杂度
tree<-prune(dtree,cp=0.0125)
tree$cptable    #剪枝后的复杂度及分枝数
          CP      nsplit    rel error    xerror    xstd
    1  0.80000      0       1.00000      1.00000   0.06484605
    2  0.08125      1       0.20000      0.23125   0.03655070
    3  0.01000      2       0.11875      0.20625   0.03467089
```

剪枝后的参数见表 4.2。

表 4.2 剪枝后的参数

nsplit	分枝数
rel error	训练集对应的误差
xerror	交叉验证误差
xs td	td 交叉验证误差的标准差

步骤4，模型可视化：

```
opar<-par(no.readonly = T); par(mfrow=c(1,2))#画面分页
library(rpart.plot)
rpart.plot(dtree,branch=1,type=2, fallen.leaves=T,cex=0.8, sub="剪枝前")
rpart.plot(tree,branch=1, type=4,fallen.leaves=T,cex=0.8, sub="剪枝后")
par(opar)#如图 4.3 所示
```

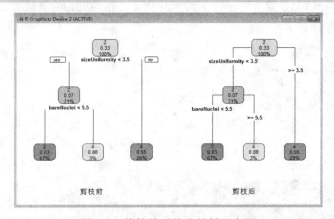

图 4.3 剪枝前后的决策树示意图

步骤5,利用预测集检验模型效果:

```
predtree<-predict(tree,newdata=vdata,type="class")    #利用预测集进行预测
table(vdata$class,predtree,dnn=c("真实值","预测值"))    #输出混淆矩阵,见表4.3。
```

表4.3 混淆矩阵

	A	B	C	D
A	4	1	0	0
B	0	0	0	0
C	0	0	3	1
D	0	0	0	0

最终结论是:准确率为(4+3)/(4+3+1+1)=77.8%。因为数据较少,所以准确率会稍低。

4.3.3 rpart函数的补充说明

1. rpart函数

在R软件中,我们使用rpart包中的rpart函数实现树回归,用法如下:

```
rpart(formula, data, weights, subset,na.action = na.rpart, method,
model = FALSE, x = FALSE, y = TRUE, parms, control, cost, ...)
```

(1)主要参数说明。

fomula:回归方程形式,如y~x1+x2+x3。

data:数据,包含前面方程中变量的数据框(dataframe)。

na.action:缺失数据的处理办法,默认是删除因变量缺失的观测而保留自变量缺失的观测。

method:根据树末端的数据类型选择相应变量分割方法,有4种取值:连续型"anova"、离散型"class"、计数型(泊松过程)"poisson"、生存分析型"exp"。程序会根据因变量的类型自动选择方法,但一般情况下最好还是指明该参数,以便让程序清楚是建立哪种树模型。

parms:用来设置3个参数:先验概率、损失矩阵、分类纯度的度量方法。

control:控制每个节点上的最小样本量、交叉验证的次数、复杂性参量(cp:complexitypamemeter)。这个参数决定了对于每一步拆分,模型的拟合优度都必须提高的程度。

(2)R语言示例:

```
library(rpart)
sol.rpart<-rpart(Sepal.Length~Sepal.Width+Petal.Length+Petal.Width,
data=iris)
plot(sol.rpart,uniform=TRUE,compress=TRUE,lty=3,branch=0.7)
text(sol.rpart,all=TRUE,digits=7,use.n=TRUE,cex=0.9,xpd=TRUE)
sol.rpart
```

结果显示:

```
1) root 150 102.1683000 5.843333
  2) Petal.Length< 4.25 73  13.1391800 5.179452
    4) Petal.Length< 3.4 53   6.1083020 5.005660
```

```
 8) Sepal.Width< 3.25 20    1.0855000 4.735000 *
 9) Sepal.Width>=3.25 33    2.6696970 5.169697 *
 5) Petal.Length>=3.4 20    1.1880000 5.640000 *
 3) Petal.Length>=4.25 77  26.3527300 6.472727
 6) Petal.Length< 6.05 68  13.4923500 6.326471
12) Petal.Length< 5.15 43   8.2576740 6.165116
24) Sepal.Width< 3.05 33    5.2218180 6.054545 *
25) Sepal.Width>=3.05 10    1.3010000 6.530000 *
13) Petal.Length>=5.15 25   2.1896000 6.604000 *
 7) Petal.Length>=6.05 9    0.4155556 7.577778 *
```

结果对应的决策树如图 4.4 所示。

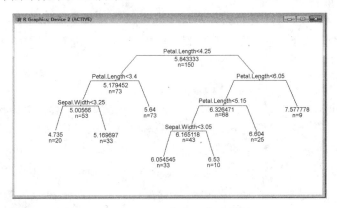

图 4.4　rpart 函数实现的决策树

2．draw.tree 函数

除了使用 rpart 包自带的 plot 函数外，还可以使用 maptree 包的 draw.tree 函数绘制更为复杂的树形结构图。

R 语言示例：

```
library(maptree)
draw.tree(sol.rpart)
```

结果显示如图 4.5 所示。

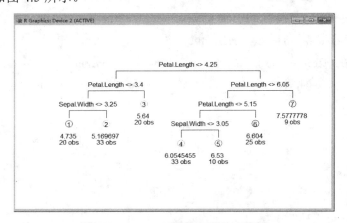

图 4.5　draw.tree 函数实现的决策树

4.4 小　　结

1．CART算法的主要优点

（1）CART算法计算简单，易于理解，可解释性强。

（2）比较适合处理有缺失属性的样本。

（3）不仅能够处理不相关的特征，还能在相对短的时间内对大型数据源得出可行且效果良好的结果。

2．CART算法的主要缺点

（1）不支持在线学习，在有新的样本产生后，决策树模型要重建。

（2）容易出现过拟合现象，生成的决策树可能对训练数据有很好的分类能力，但对未知的测试数据却未必有很好的分类能力。

3．后续研究

针对决策树的这些缺点，近年来新的算法不断对其进行改进，随机森林算法就是这样一种算法。随机森林算法是通过集成学习的思想将多棵树集成的一种算法，它的基本单元是决策树，而它的本质属于机器学习的一大分支——集成学习（Ensemble Learning）方法。使用随机森林算法不仅能够提高决策树分类的准确率，而且能很好地避免决策树模型中可能会出现的过拟合现象，随机森林算法可以作为决策树今后的发展方向并继续深入研究。

参 考 文 献

[1] Breiman, L. pasting small votes for classification in large databases and on-line[J]. Statistics Department, University of California, Berkeley, 1998.

[2] Breiman L, Friedman J H. estimating optimal transformations for multiple regression and correlation[J]. *Journal of the American Statistical Association*, 1985(80), 580-598.

[3] Breiman L，Friedman J H，Olshen R A, et al. classification and regression trees[M]. Wadsworth, Belmont, CA, Republished by CRC Press, 1984.

[4] Friedman, J H. a recursive partitioning decision rule for nonparametric classification. IEEE Trans. Computers，C-26: 404, Also available as Stanford Linear Accelerator Center Rep, SLAC- PUB-1373 (Rev. 1975).

[5] Friedman J H，Kohavi R，Yun Y. lazy decision trees[C]. Proceedings of the Thirteenth National Conference on Artificial Intelligence , AAAI Press/MIT Press, San Francisco，CA, 1996: 717-724.

第5章 Apriori 算法

5.1 算法简介

Apriori 算法是一种挖掘关联规则的频繁项集算法，其核心思想是通过候选集生成和情节的向下封闭检测两个阶段来挖掘频繁项集。它是由 R. Agrawal 和 R. Srikant 于 1994 年提出的[1]。该算法从产生到现在对关联规则挖掘领域产生了重大影响。同时，Apriori 算法是一种最有影响的挖掘布尔关联规则频繁项集的算法。很多挖掘算法都是在 Apriori 算法的基础上改进的，如基于散列[2]的方法、基于数据分割(partition)的方法及不产生候选集的 FP-growth[3]方法等。因此，要了解关联规则算法就不得不先了解 Apriori 算法。在对 Apriori 算法进行介绍前，我们先引入一个经典例子。

在一家超市中，人们发现了一个特别有趣的现象：尿布与啤酒这两种风马牛不相及的商品居然摆在一起。但这一奇怪的举措居然使尿布和啤酒的销量大幅增加。这可不是一个笑话，而是一直被商家所津津乐道的发生在美国沃尔玛连锁超市的真实案例。原来，美国的妇女通常在家照顾孩子，所以经常会嘱咐丈夫在下班回家的路上为孩子买尿布，而丈夫在买尿布的同时又会顺手购买自己爱喝的啤酒。这个发现为商家带来了大量的利润。但是，商家是如何从浩如烟海又杂乱无章的数据中发现啤酒和尿布销售之间的联系的呢？这又给了我们什么样的启示呢？这就是数据挖掘，需要对数据之间的关联规则进行分析，要想找出其中的联系，就需要使用 Apriori 算法进行分析。本章还介绍了一种 Apriori 算法的变体——AprioriTid 算法[1]，它与 Apriori 算法的主要区别在于对数据集的更新。Apriori 算法在序列模式挖掘中的拓展 AprioriAll 算法[4]也是经常被研究的，由于篇幅原因，本章没有讲解。对于 Apriori 算法和 AprioriTid 算法，本章将给出大量的例子，对其算法流程进行梳理。

经典的关联规则数据挖掘算法——Apriori 算法广泛应用于各个领域，它对数据的关联性进行了分析和挖掘，这在决策制定过程中具有重要的参考价值。因此，该算法被广泛地应用于商业、网络安全、高校管理及移动通信等领域。

5.2 算法基本原理

5.2.1 挖掘频繁模式和关联规则

为了清楚地了解 Apriori 算法中的概念，我们引入一个关于超市购物篮的例子，见表 5.1。

表 5.1　超市购物篮

TID	items
1	Bread, Milk
2	Bread, Diaper, Beer, Eggs
3	Milk, Diaper, Beer, Coke
4	Bread, Milk, Diaper, Beer
5	Bread, Milk, Diaper, Coke

令 $I = \{i_1, i_2, \cdots, i_m\}$ 是一组项，表示为所有项(如表 5.1 中 items 的项)的集合。令 D 表示一组交易，其中的每个交易 t 都是一组项，表示为 $t \subseteq I$。每个事务(交易)都具有唯一的标识符，称为其 TID。如果 $X \subset t$，则交易 t 包含 I 中一些项的集合 X。包含 0 个或多个项的集合称为项集(item set)。如果 1 个项集包含 k 个项，则称它为 k-项集。项集的一个重要性质是它的支持度，即包含特定项集的事务的个数。数学上，项集 X 的支持度 $\sigma(X)$ 可以表示为

$$\sigma(X) = |\{t_i | X \subseteq t_i, t_i \in T\}|$$

其中，符号"| |"表示集合中元素的个数。

关联规则是 $X \Rightarrow Y$ 形式的含义，其中，$X \subset I$、$Y \subset I$ 且 $X \cap Y = \varnothing$。关联规则的强度可以用它的支持度(support)和置信度(confidence)来度量。支持度确定规则可用于给定数据集的频繁程度，而置信度确定 Y 在包含 X 的事务中出现的频繁程度。给定一组交易 D，挖掘关联规则是生成所有具有不低于用户指定的最小支持度(minsup)和最小置信度(minconf)的支持度和置信度的关联规则。

支持度(s)和置信度(c)这两种度量的形式定义如下：

$$s(X \rightarrow Y) = \sigma(X \cup Y) / N$$
$$c(X \rightarrow Y) = \sigma(X \cup Y) / \sigma(X)$$

其中，$\sigma(X \cup Y)$ 是 ($X \cup Y$) 的支持度；N 为事务总数；$\sigma(X)$ 是 X 的支持度。

由于组合激增会造成计算复杂，找到频繁项集(支持度不小于 minsup 的项集)是很重要的。一旦获得了频繁项集，就可以直接生成置信度不低于 minconf 的关联规则。由 R.Agrawal 和 R. Srikant 提出的 Apriori 算法和 AprioriTid 算法，是设计用于大型交易数据集的重要算法。

在 Apriori 算法的理论实现过程中，我们需要用到以下两条定律。

Apriori 定律 1：如果一个集合是频繁项集，则它的所有子集都是频繁项集。

例如，假设一个集合 {A,B} 是频繁项集，即 A、B 同时出现在一条记录的次数大于等于最小支持度 minsup，则它的子集 {A}、{B} 出现的次数必定大于等于 minsup，即它的子集都是频繁项集。

Apriori 定律 2：如果一个集合不是频繁项集，则它的所有超集都不是频繁项集。

例如，假设集合 {A} 不是频繁项集，即 A 出现的次数小于 minsup，则它的任何超集，如 {A,B} 出现的次数必定小于 minsup，因此其超集必定也不是频繁项集。

图 5.1 表示当我们发现 {A,B} 是非频繁项集时,所有包含它的超集也是非频繁项集,即可以将它们都剪除。

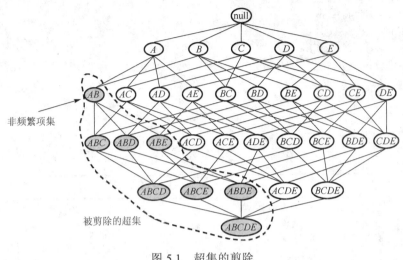

图 5.1 超集的剪除

5.2.2 Apriori 算法

Apriori 算法是一种可以找到所有具有不低于用户指定的最小支持度的项集的算法。满足最小支持度约束的项集称为频繁项集。Apriori 算法是一种分层的完备搜索(深度优先搜索)算法。其特点是使用项集的反向单调性,即如果项集不频繁,则其任何超集都不频繁,这也称为向下闭合性。该算法会对原始数据集进行多次遍历。在第一次遍历中,对所有的单项进行支持度计数,然后产生满足最小支持度的频繁 1-项集。在后续的每次遍历中,都使用前一次的频繁项集进行变换得到新的项集,称为候选项集。将候选项集中不满足最小支持度的项集删除,就得到了对应的频繁项集。重复此过程,直到找不到新的频繁项集为止。

按照惯例,Apriori 算法假定事务或项集中的项以词典顺序排序。频繁 k-项集的集合为 F_k,它的候选项集是 C_k。

Apriori 算法由表 5.2 给出,第 1 步简单计算单项的支持度计数,以确定频繁 1-项集。后续步骤由两个阶段组成。首先,利用第 $k-1$ 次迭代中发现的频繁项集 F_{k-1},应用 apriori-gen 函数生成候选项集 C_k。接下来,扫描数据库并计算 C_k 中的候选项集的支持度计数,这里使用 subset 函数来计数。apriori-gen 函数以 F_{k-1} 作为参数,并返回所有频繁 k-项集的超集。

在运用 apriori-gen 函数生成 C_k 时,我们有如下策略(如图 5.2 所示)。

该策略由两步组成,第 1 步是自连接(self-joining)。例如,假设有一个 L_3 = {abc, abd, acd, ace, bcd}(注意这已经是排好序的),选择 2 个项集,它们满足条件:前 $k-1$ 个项都相同,但最后一个项不同,把它们组成一个新的 C_{k+1} 的项集 c。如图 5.3 所示,{abc} 和 {abd} 组成 {abcd},{acd} 和 {ace} 组成 {acde}。

表 5.2　Apriori 算法

```
F_1={frequent 1-itemsets};
for (k=1; F_{k-1}≠∅; k++) do begin
  C_k=apriori-gen(F_{k-1}); //新候选项集
  foreach transaction t∈D do begin
    C_t=subset(C_k, t); //候选项集包含在 t 中
    foreach candidate c∈C, do
      c.count++;
  end
  F_k={ c∈C  |c.count≥minsup};
end
Answer= U_k F_k
```

假设 L_k 中的项已排列（如按字母顺序）
第 1 步，自连接 L_k（在 SQL 中）
　插入 C_{k+1}
　选择项 $p.\text{item}_1, p.\text{item}_2, \cdots, p.\text{item}_k, q.\text{item}_k$
　　从 $L_k p, L_k q$
　这里，$p.\text{item}_1 = q.\text{item}_1, \cdots, p.\text{item}_{k-1} = q.\text{item}_{k-1}, p.\text{item}_k < q.\text{item}_k$
第 2 步，剪枝
　for all C_{k+1} 中的项集 c 执行
　　　for all c 中的子集 s 执行
　　　　如果（s 不在 L_k 中），那么在 C_{k+1} 中删除项集 c

图 5.2　C_k 的生成流程

该策略的第 2 步是剪枝（pruning）。对于一个 C_{k+1} 中的项集 c，s 是 c 的大小为 k 的子集，如果 s 不存在于 L_k 中，则将 c 从 C_{k+1} 中剪除。如图 5.3 所示，因为 {acde} 的子集 {cde} 并不存在于 L_3 中，所以我们将 {acde} 从 C_4 中剪除。最后得到的 C_4，仅包含 1 个项集 {abcd}。

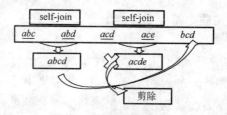

图 5.3　候选项集的产生

为了理解算法流程，图 5.4 中举出了一个简单的算法流程例子。

剩下的任务是从频繁项集生成所需的关联规则。

一旦由数据库 D 中的事务找出频繁项集，由它们产生强关联规则(满足最小支持度和最小置信度)就很顺畅了。对于置信度，可以用下式表示(其中的条件概率用项集支持度)：

$$\text{confidence}(A \to B) = P(A|B) = \text{support}(A \cup B) / \text{support}(A)$$

其中，support($A \cup B$) 是 $A \cup B$ 的支持度；support(A) 是 A 的支持度。

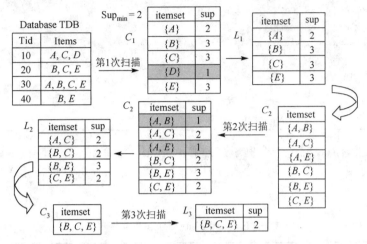

图 5.4　算法流程图

根据上式可以按如下步骤产生如下关联规则。

步骤 1：对于每个频繁项集 f，产生所有非空子集。

步骤 2：对于 f 的每个非空子集 a，如果 support(f) / support(a) ≥ min_conf，则均输出规则 "$a \Rightarrow (f-a)$"。其中，min_conf 是最小置信度阈值。这里，对任意 $\hat{a} \subset a$，请注意规则 $\hat{a} \Rightarrow (f-\hat{a})$ 的置信度不能大于规则 $a \Rightarrow (f-a)$ 的置信度。这反过来意味着，如果规则 $a \Rightarrow (f-a)$ 成立，那么所有规则 $\hat{a} \Rightarrow (f-\hat{a})$ 必须成立。运用该对偶属性，生成关联规则的算法在表 5.3 中给出。

表 5.3　生成关联规则的算法

```
H₁ = ∅        //初始化
foreach: frequent k-itemset f_k, k≥2 do begin
    A=(k-1)-itemsets  a_{k-1}  such that  a_{k-1} ⊂ f_k
    foreach  a_{k-1} ∈ A  do begin
        conf = support(f_k)/support(a_{k-1})
        if (conf≥minconf) then begin
            output the rule  a_{k-1} ⇒ (f_k - a_{k-1})
                With confidence=conf and support =support(f_k)
            and  (f_k - a_{k-1})  to H₁
        end
    end
    call ap-genrules(f_k, H₁);
end

ap-genrules 程序(f_k: frequent k-itemset. H_m: set of m-item consequents)
if (k > m + 1) then begin
    H_{m+1} = apriori-gen(H_m);
```

续表

```
    foreach h_{m+1} ∈ H_{m+1} do begin
      conf = support(f_k)/support(f_k - h_{m+1});
      if (conf ≥ minconf) then
        output the rule f_k - h_{m+1} ⇒ h_{m+1};
              With confidence =conf and support =support(f_k);
      else
        delete h_{m+1} from H_{m+1};
    end
    call ap-genrules(f_k, H_{m+1});
end
```

根据以上理论,我们用一个例子来熟悉 Apriori 算法的流程。

表 5.4 所示数据库中有 9 个事务,即 $|D|$ = 9。Apriori 算法假定事务中的项按字典次序存放。

表 5.4 AllElectronics 数据库

TID	项集
T100	I_1, I_2, I_5
T200	I_2, I_4
T300	I_2, I_3
T400	I_1, I_2, I_4
T500	I_1, I_3
T600	I_2, I_3
T700	I_1, I_3
T800	I_1, I_2, I_3, I_1, I_5
T900	I_1, I_2, I_3

1. 挖掘频繁项集

(1)在算法的第 1 次迭代中,每个项都是候选 1-项集的集合 C_1 的成员,算法简单地扫描所有事务,对每个项的出现次数计数。

(2)假定最小事务支持度为 2(minsup=2/9=22%),可以确定频繁 1-项集的集合 L_1,它由具有最小支持度的候选 1-项集组成,如图 5.5 所示。

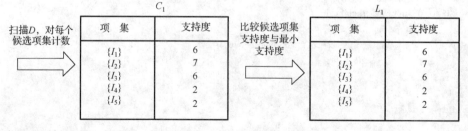

图 5.5 L_1 的产生过程

(3)为发现频繁 2-项集的集合 L_2,算法使用 $L_1 \bowtie L_1$ 产生候选 2-项集的集合 C_2。

(4)扫描 D 中的事务,计算 C_2 中每个候选项集的支持度。

(5)确定频繁2-项集的集合L_2，它由具有最小支持度的C_2中的候选2-项集组成。

L_2的产生过程即(3)～(5)，如图5.6所示。

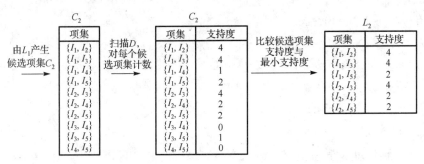

图5.6　L_2的产生过程

(6) $L_2 L_2$连接生成C_3的过程。

①自连接：

$C_3 = L_2 L_2$

$= \{\{I_1,I_2\},\{I_1,I_3\},\{I_1,I_5\},\{I_2,I_3\},\{I_2,I_4\},\{I_2,I_5\}\}$

$\{\{I_1,I_2\},\{I_1,I_3\},\{I_1,I_5\},\{I_2,I_3\},\{I_2,I_4\},\{I_2,I_5\}\}$

$= \{\{I_1,I_2,I_3\},\{I_1,I_2,I_5\},\{I_1,I_3,I_5\},\{I_2,I_3,I_4\},\{I_2,I_3,I_5\},\{I_2,I_4,I_5\}\}$

②剪枝：

$\{I_1,I_2,I_3\}$的 2-项集子集是$\{I_1,I_2\}$、$\{I_1,I_3\}$和$\{I_2,I_3\}$。$\{I_1,I_2,I_3\}$的所有 2-项集子集都是L_2的项，因此在C_3中保留$\{I_1,I_2,I_3\}$。

$\{I_1,I_2,I_5\}$的 2-项集子集是$\{I_1,I_2\}$、$\{I_1,I_5\}$和$\{I_2,I_5\}$。$\{I_1,I_2,I_5\}$的所有 2-项集子集都是L_2的项，因此在C_3中保留$\{I_1,I_2,I_5\}$。

$\{I_1,I_3,I_5\}$的2-项集子集是$\{I_1,I_3\}$、$\{I_1,I_5\}$和$\{I_3,I_5\}$。$\{I_3,I_5\}$不是L_2的项，因而不是频繁的，因此，在C_3中删除$\{I_1,I_3,I_5\}$。

其余项同理可得；这样，剪枝后$C_3 = \{\{I_1,I_2,I_3\},\{I_1,I_2,I_5\}\}$。

(7)扫描D中事务以确定L_3，它由具有最小支持度的C_3中的候选3-项集组成。

L_3的产生过程即(6)～(7)，如图5.7所示。

图5.7　L_3的产生过程

(8)算法使用$L_3 L_3$产生候选4-项集的集合C_4。连接产生结果$\{\{I_1,I_2,I_3,I_5\}\}$，这个项集被剪去，因为它的子集$\{\{I_1,I_3,I_5\}\}$不是频繁的。这样，$C_4 = \varnothing$，算法终止，至此找出了所有的频繁项集。

2. 由频繁项集产生关联规则

假定数据包含频繁项集 $I = \{I_1, I_2, I_5\}$，可以由 I 产生哪些关联规则？I 的非空子集有 $\{I_1, I_2\}$、$\{I_1, I_5\}$、$\{I_2, I_5\}$、$\{I_1\}$、$\{I_2\}$ 和 $\{I_5\}$。关联规则如下(每个都列出置信度)：

① $I_1 \bigcup I_2 \to I_5$, confidence = 2/4 = 0.5 = 50%；

② $I_1 \bigcup I_5 \to I_2$, confidence = 2/2 = 1 = 100%；

③ $I_2 \bigcup I_5 \to I_1$, confidence = 2/2 = 1 = 100%；

④ $I_1 \to I_2 \bigcup I_5$, confidence = 2/6 = 0.33 = 33%；

⑤ $I_2 \to I_1 \bigcup I_5$, confidence = 2/7 = 0.29 = 29%；

⑥ $I_5 \to I_1 \bigcup I_2$, confidence = 2/2 = 1 = 100%。

如果最小置信度阈值为 70%，则只有规则②、③和⑥可以输出，因为只有这些才是强关联规则。

Apriori 算法中的支持度是通过 subset 函数完成的，该函数用到了哈希树，下面通过例子介绍哈希树的使用。

Apriori 算法首先扫描整个数据库，并导出 1 组频繁 1-项集 $F_1 = \{a, c, d, f, g\}$，至少有 3 个事务才能包含 1-项集的事务。在 F_1 的基础上，调用 apriori-gen 函数获得候选频繁 2-项集 $C_2 = \{ac, ad, af, ag, cd, cf, cg, df, dg, fg\}$。$C_2$ 包含了 F_1 中所有可能项的配对，在这个阶段没有修剪操作。

接下来，Apriori 算法通过对表 5.5 中的数据集进行扫描并调用 subset 函数来计算支持度，该函数用到了哈希树。图 5.8 简要说明了哈希树的构造和使用过程。假设 C_2 的项以字典顺序添加到哈希树中，并允许叶节点中的最大项集数量为 4。因此，当第 5 个项集 cd 被添加到根(叶)节点时就会超过阈值，这时该节点就被转换为内部节点。

表 5.5 客户交易信息数据库

TID	SID	TT	项
001	1	May 03	c, d
002	1	May 05	f
003	4	May 05	a, c
004	3	May 05	c, d, f
005	2	May 05	b, c, f
006	3	May 06	d, f, f
007	4	May 06	a
008	4	May 07	a, c, d
009	3	May 08	c, d, f, g
010	1	May 08	d, e
011	2	May 08	b, d
012	3	May 09	d, g
013	1	May 09	e, f
014	3	May 10	c, d, f

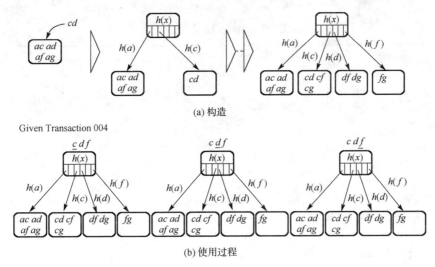

图 5.8 哈希树的构造和使用过程

然后用一个哈希函数 $h(x)$ 将每个项集都根据哈希值分配到相应的新节点中去，此哈希函数的参数是一个项，也就是每个项集的第 1 个项。在这种情况下，假设 $h(x)$ 是预先给出的，并且对所有节点是一样的。由于前 4 个项共享相同的首项 a，所以它们被储存到同一个叶节点中，而项集 cd 则被分到另外一个叶节点中去了。当检查哪些候选项集被包含在一个事务，如事务 004 中时，在根节点上对该事务的每个项都进行哈希。例如，如图 5.8(b)所示，对 cdf 中的项 c 进行哈希，到达左边第 2 个叶节点，就可以发现 cd 和 cf 是 cdf 的子集；接着，对 d 进行哈希，发现 df 在左边第 3 个叶节点(中间的树)中；但哈希到 f 时，在最右边的叶节点没有发现 cdf 的子集(右边的树)。因此，cd、cf 和 df 的支持计数都加 1。注意，在处理所有事务之后，候选项集 af 和 ag 出现的频次为 0，这意味着 Apriori 算法可能会生成不存在于原始数据集里的候选项集。这样依次操作下去，就可以得到所有项集的支持度计数。

Apriori 通过减少候选项集的大小来实现良好的性能。然而，在频繁项集非常多或最小支持度非常小的情况下，Apriori 算法必须生成大量候选项集，并且需要反复扫描数据库来检查数量庞大的候选项集，成本依然十分高。

5.2.3 AprioriTid 算法

AprioriTid 算法是 Apriori 算法的一个变体。它并不减少候选项集的数量，而是在第一次通过后，计算支持度时不使用数据库 D，使用新数据集 $\bar{C}_k$。$\bar{C}_k$ 的每个项都具有 $<TID,\{ID\}>$ 的形式，ID 是事务 TID 中存在的潜在频繁 k-项集(除了 $k=1$)的标识符。对于 $k=1$，$\bar{C}_1$ 就是数据库 D，在概念上其实就是项 i 被项集 $\{i\}$ 替代。$\bar{C}_k$ 的每个项都对应一个事务 t，为 $<t.\text{TID},\{c \in C_k \mid c\text{包含在}t\text{中}\}>$。

直观来看，k 很大时，$\bar{C}_k$ 会比数据集 D 小，因为一些事务可能不包含任何候选 k-项集。表 5.6 给出了 AprioriTid 算法原理。其中，$c[i]$ 表示 k-项集 c 中的第 i 项。

表 5.6 AprioiTid 算法原理

F_1={frequent 1-itemsets};
$\overline{C}_1$ = database D
for ($k = 2$; $F_{k-1} \neq \varnothing$; k++) **do begin**
    C_k=apriori-gen(F_{k-1}); //新候选项集
    $\overline{C}_k = \varnothing$;
    for each entry $t \in \overline{C}_{k-1}$ **do begin**
        //确定候选项集包含在 C_k 中
        //在具有标识符 t.TID 的事务中处理
        $C_t = \{c \in C_k \mid (c - c[k]) \in t, \text{set-of-itemsets} \wedge (c - c[k-1]) \in t, \text{set-of-itemsets}\}$;
        for each candidate $c \in C_t$ **do**
            c.count++
        if ($C_t = \varnothing$) **then** $\overline{C}_k += \langle t.\text{TID}, C_t \rangle$
    end
    $F_k = \{c \in C_k \mid c.\text{count} \geq \text{minsup}\}$;
end
Answer= $U_k F_k$

下面用一个例子来看 AprioriTid 算法如何产生新的数据集。

步骤 1，寻找频繁项集。

该算法对 C_1 和 C_2 中的候选项集的支持度进行计算时分别用到新数据集 $\overline{C}_1$ 和 $\overline{C}_2$。图 5.9 描述了 AprioriTid 算法是如何从这些数据集中找到频繁项集的。$\overline{C}_2$ 是通过计算 C_2 中的每个候选项集的支持度得到的，而 $\overline{C}_1$ 是直接通过数据集得到的。假设 $t = \langle 001, \{\{c\}, \{d\}\} \rangle \in \overline{C}_1$，接下来 C_2 中的候选项集 cd 被添加到集合 C_t 中，因为 t 的项集的集合 $\{\{c\},\{d\}\}$ 包含构成项集 cd 的两个 1-项集。更确切地说，cd 被添加到 C_t 是因为它是 t 中的两个 1-项集的联合，这意味着事务 001 支持 cd。除此以外，C_t 中没有其他候选项集了，因为事务 001 不支持 C_2 中的其他候选项集。所以 cd 的支持度计数增加 1，$\langle 001, \{\{cd\}\} \rangle$ 也被添加到 $\overline{C}_2$ 中。同样，因为事务 003 支持 $ac \in C_2$，所以 $\langle 003, \{\{ac\}\} \rangle$ 被添加到 $\overline{C}_2$ 中，由于事务 002 没有支持任何 2-项集，所以 $\overline{C}_1$ 中的 $\langle 002, \{\{f\}\} \rangle$ 不会添加到 $\overline{C}_2$ 中。最后如图 5.9 所示，$\overline{C}_2$ 有 9 个子集比原始数据集小。以相同的方式对候选项集 C_3 进行支持度计算可以得到的 $\overline{C}_3$。由于 C_3 中有唯一的项集 cdf，$\overline{C}_2$ 中仅有 3 个子集保留到 $\overline{C}_3$ 中。注意，C_4 是空的，所以不会再用 $\overline{C}_3$ 了。

步骤 2，生成关联规则。

接下来我们用表 5.3 中的算法从所发现的频繁项集出发来生成关联规则，给定 minconf = 0.6。

考虑频繁的 2-项集 cd、cf、df 和 dg。很明显，每个项集只能生成两种规则。表 5.7 总结了所产生的规则及置信度。算法的输出关联规则编号是 1 和 8，因为它们满足 minconf 约束。对于每条满足该约束的规则都调用一次 ap-genrules 过程，但是因为它不再从频繁的 2-项集里生成其他规则，所以也就没有输出。

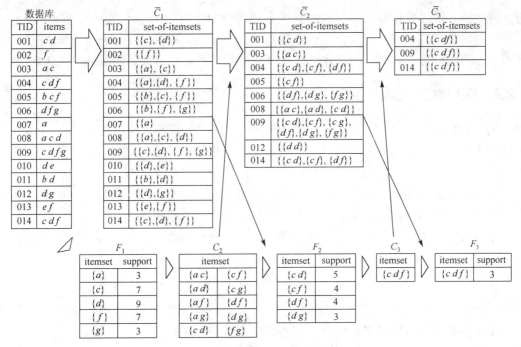

图 5.9 AprioriTid 算法示例

表 5.7 从频繁项集生成的关联规则（2-项集）

编 号	规 则	置 信 度	编 号	规 则	置 信 度
1	$c \Rightarrow d$	0.71	5	$d \Rightarrow f$	0.44
2	$c \Rightarrow c$	0.56	6	$f \Rightarrow d$	0.57
3	$c \Rightarrow f$	0.57	7	$d \Rightarrow g$	0.33
4	$f \Rightarrow c$	0.57	8	$g \Rightarrow d$	1.0

接下来看从频繁的 3-项集 cdf 生成关联规则。首先如表 5.8 的左半部分所示，产生 3 个满足 minconf 约束的关联规则，这些规则的后件形式是 1-项集。之后，在过程 ap-genrules 中用参数 cdf 和 $\{c, d, f\}$，调用 apriori-gen 过程，可得到一些 2-项集 $\{cd, cf, df\}$。这些 2-项集被用作新关联规则的后件，如表 5.8 的右半部分所示。但是，这几条规则的置信度小于阈值 minconf = 0.6，所以它们都不能输出。由于无法从 cdf 获得 3-项集形式的后件，所以 ap-genrules 过程终止；也因为 $F_4 = \varnothing$，所以算法终止。

表 5.8 从频繁项集生成的关联规则（3-项集）

	1-项集			2-项集	
编 号	规 则	置 信 度	编 号	规 则	置 信 度
9	$cd \Rightarrow f$	0.60	12	$f \Rightarrow cd$	0.43
10	$cf \Rightarrow d$	0.75	13	$d \Rightarrow cf$	0.43
11	$df \Rightarrow c$	0.75	14	$c \Rightarrow df$	0.43

AprioriTid 算法虽然具有计算 $\overline{C}_k$ 的额外开销，但是有一个优点就是当 k 较大时 $\overline{C}_k$ 是容易被储存的。因此，早期（k 较小）遍历时 Apriori 算法是具有优势的，而后期（k 较大

遍历时 AprioriTid 算法是具有优势的。由于两者使用相同的候选项集生成过程，因此是对相同的项集进行计算，可以依序组合使用这两种算法。AprioriHybrid 在最初的遍历中使用 Apriori 算法，当它预期 $\bar{C}_k$ 并最终将适合储存在内存中时就使用 AprioriTid 算法。

5.2.4 挖掘顺序模式

Agrawal 和 Srikant 将 Apriori 算法扩展到可以处理序列模式挖掘问题。Apriori 算法中没有序列的概念，其目的就是寻找哪些项目可以出现在一起，这可以被视为挖掘事务内部模式。在这里，顺序问题和寻找顺序模式的问题可以看作是事务内部模式。

每个事务都由序列标识、事务时间和项集组成。约定具有同一标识的序列不能含有多个具有相同事务时间的事务。序列是项集的有序列表，也可以当成字符集合的列表，但不是简单的字符列表。序列的长度是指序列中项集的数量。记长度为 k 的序列为 k-序列。不失一般性地，可将项集映射到连续整数集，项集 i 记为 $(i_1, i_2, \cdots, i_m)$，其中 i_j ($j=1, \cdots, m$) 是一个项。序列 s 可记为 $\langle s_1, s_2, \cdots, s_n \rangle$。说一个序列 $\langle a_1, a_2, \cdots, a_n \rangle$ 被包含在另一个序列 $\langle b_1, b_2, \cdots, b_m \rangle$ ($n \leq m$)，是指存在 $i_1 < i_2 < \cdots < i_n$ 使得 $a_1 \subseteq b_{i_1}, a_2 \subseteq b_{i_2}, \cdots, a_n \subseteq b_{i_n}$。所有具有同一序列标识的事务通过事务时间排序形成一个序列（事务序列）。说一个序列标识支持序列 s，是指 s 包含在该标识对应的事务序列中。一个序列的支持度被定义为支持该序列的序列标识的数量与所有序列标识的数量之比。同样，对项集 i 的支持度被定义为在任一事务中含有项集 i 的序列标识的数量与所有序列标识的数量之比。注意，这个定义与 Apriori 算法中给出的项集的定义不同。

给定一个事务数据集 D，序列模式的挖掘任务就是：在满足特定用户指定的最小支持度序列中找到那些最大序列。每个这样的最大序列都代表一个序列模式。满足最小支持度约束的被称为频繁的序列（不一定最大），并且满足最小支持度的项集被称为频繁项集或简称 fitemset。任何频繁的序列都必须是频繁项集的列表。

该算法由 5 个步骤组成：排序、找到频繁项集、转化、列举序列、最大化。前 3 个阶段是预处理，最后一个阶段是后处理。

在排序阶段，对数据集 D 中的事务以序列标识作为关键排序，事务时间作为次要关键排序。

在找到频繁项集阶段，对 Apriori 算法的支持度计数方法进行修改，再运行算法获得频繁项集，最后将频繁项集映射到连续的整数集。这就使得能够在确定时间内完成判断两个频繁项集是否相等的运算。注意，这个阶段同时也找到了所有的频繁 1-序列。

在转化阶段，每个事务都被替换为该事物包含的所有频繁项集。如果一个事务不包含任何频繁项集，那么它不会保留在变换后的序列中。如果一个事务序列不包含任何频繁项集，那么就从整个数据集中删除这个序列，但它仍然用于计数。转化过程完成之后，原来的事务序列被替换为频繁项集的集合的列表。而频繁项集的集合记为 $\{f_1, f_2, \cdots, f_n\}$，其中，$f_i$ ($i=1, \cdots, n$) 表示一个频繁项集。这个转化的目的是提高测试"哪些给定的频繁序列包含于某个事务序列中"的效率。转化后的数据用 DT 表示。

算法的核心工作即列举序列阶段,要列举出所有的频繁序列,有两种算法:全部计数(count-all)和部分计数(count-some)。它们的区别在于频繁序列计数方式不同。count-all 要统计所有频繁序列,包括后来必须被抛弃的非最大序列;而 count-some 考虑到最终目标是只获得最大序列,所以对包含于更长序列中的序列不再进行计数。Agrawal 和 Srikant 开发了一种全部计数型算法(AprioriAll 算法)和两种部分计数型算法(AprioriSome 算法和 DynamicSome 算法),由于篇幅限制,这里不进行具体介绍。

算法的后处理工作,即最大化阶段中,从全部的频繁序列中提取最大序列。这里主要利用哈希树(类似于 Apriori 算法中的 subset 函数)快速找到给定序列中的所有子序列。

5.2.5 Apriori 算法的一种改进算法

先看一个例子:假设 $L_{k-1} = \{\{1,2,3\},\{1,2,4\},\{2,3,4\},\{2,3,5\},\{1,3,4\}\}$,求 L_k。

(1) 原算法:首先由 L_{k-1} 得到 $C_k = \{\{1,2,3,4\},\{2,3,4,5\},\{1,2,3,5\}\}$,我们还知道 $\{1,2,3,4\}$ 的子集为 $\{1,2,3\}$、$\{1,2,4\}$、$\{2,3,4\}$、$\{1,3,4\}$;然后判断这些子集是不是 L_{k-1} 的项,如果都是则保留,否则删除。这里保留 $\{1,2,3,4\}$,$\{2,3,4,5\}$ 和 $\{1,2,3,5\}$ 则应删除,得到 $L_k = \{\{1,2,3,4\}\}$。

(2) 改进算法:首先同样由 L_{k-1} 得到 $C_k = \{\{1,2,3,4\},\{2,3,4,5\},\{1,2,3,5\}\}$,从 L_{k-1} 中取子集 $\{1,2,3\}$,扫描 C_k 中的项,看 $\{1,2,3\}$ 是不是 C_k 中项的子集,$\{1,2,3\}$ 是 $\{1,2,3,4\}$ 的子集,$\{1,2,3,4\}$ 的计数加 1;$\{1,2,3\}$ 不是 $\{2,3,4,5\}$ 的子集,计数不变;$\{1,2,3\}$ 是 $\{1,2,3,5\}$ 的子集,计数加 1。经过对 $\{1,2,3\}$ 处理后得到计数 $\{1,0,1\}$。

然后看 $\{1,2,4\}$,是 $\{1,2,3,4\}$ 的子集,而不是 $\{2,3,4,5\}$ 的子集,也不是 $\{1,2,3,5\}$ 的子集,计数不变,计数变为 $\{2,0,1\}$。

再看 $\{2,3,4\}$,是 $\{1,2,3,4\}$ 的子集,也是 $\{2,3,4,5\}$ 的子集,不是 $\{1,2,3,5\}$ 的子集,计数变为 $\{3,1,1\}$。

类似地,$\{2,3,5\}$ 不是 $\{1,2,3,4\}$ 的子集,是 $\{2,3,4,5\}$ 的子集,也是 $\{1,2,3,5\}$ 的子集,计数变为 $\{3,2,2\}$;$\{1,3,4\}$ 是 $\{1,2,3,4\}$ 的子集,不是 $\{2,3,4,5\}$ 的子集,也不是 $\{1,2,3,5\}$ 的子集,计数变为 $\{4,2,2\}$。

数据扫描完毕,此时 $k=4$,只有第 1 个项的计数为 4,为高频数据项集,得到 $L_k = \{\{1,2,3,4\}\}$。

(3) 算法的评价:其实改进的算法和原算法基本一致,不同的是从 L_{k-1} 到 C_k 部分,对于原算法来说,需要在剪枝部分查找每个 C_k 中的项集的子集,然后遍历一次 L_{k-1},有多少子集就遍历多少次;而改进之后则只需将 L_{k-1} 的子集遍历一次 C_k。当数据集较小时,原算法和改进算法效果差不多;但当数据集较大时,改进算法计算的复杂度就比原算法低了很多。

在 Apriori 算法的框架下,可以引入很多技术来提高频繁项集挖掘算法的效率,包括哈希、划分、采样和使用垂直数据格式等。由于篇幅原因,这里不进行过深的讨论。

5.3 算法的 R 语言实现

5.3.1 apriori 函数介绍

apriori 函数的核心思想是通过连接和剪枝两个阶段来挖掘频繁项集。arulues 包中的 apriori 函数参数见表 5.9。

表 5.9 arules 包中的 apriori 函数参数

函数 参数	apriori(data, parameter = NULL, appearance = NULL, control = NULL)
data	可转换类别的实体或任何可以将其强制进行转换的数据结构
parameter	类别为 APparameter 的实体或命名列表，默认的挖掘规则：支持度为 0.1，置信度为 0.8，最大长度为 10(此处长度指结果个数)
appearance	类别为 APparameter 的实体或命名列表，使用该参数来控制对应项。在默认情况下，所有项目无限制
control	对象的类 APcontrol 或命名列表，控制挖掘算法的性能

5.3.2 Apriori 模型

步骤 1，加载 arules 包：

```
library(arules)
```

步骤 2，建立 Apriori 模型：

```
data(Groceries)   #调用数据文件
frequentsets=eclat(Groceries,parameter=list(support=0.05,maxlen=10))
#求频繁项集
```

步骤 3，查看关联规则：

```
inspect(frequentsets[1:10])    #查看求得的频繁项集
inspect(sort(frequentsets,by="support")[1:10])       #根据支持度对求得的
```
频繁项集排序并查看(等价于 inspect(sort(frequentsets)[1:10])
```
rules=apriori(Groceries,parameter=list(support=0.01,confidence=0.01))
#求关联规则
summary(rules)    #查看求得的关联规则之摘要
x=subset(rules,subset=rhs%in%"whole milk"&lift>=1.2)    #求所需要的关
```
联规则子集
```
inspect(sort(x,by="support")[1:5])      #根据支持度对求得的关联规则子集排序
```
并查看

注意，加载 arules 包之前必须先下载，且只对 R 软件 3.4.4 以上的版本适用，Groceries 是 arules 包自带的数据，它代表的是超市购物的数据。

结果输出：

```
frequentsets=eclat(Groceries,parameter=list(support=0.05,maxlen=10))    #求频繁项集
```

parameter specification:
 tidLists support minlen   maxlen   target   ext
    FALSE   0.05   1   10 frequent itemsets   FALSE

algorithmic control:
 sparse sort verbose
    7   -2   TRUE

Absolute minimum support count: 491

create itemset ···
set transactions ···[169 item(s), 9835 transaction(s)] done [0.00s].
sorting and recoding items ··· [28 item(s)] done [0.00s].
creating sparse bit matrix ··· [28 row(s), 9835 column(s)] done [0.00s].
writing ··· [31 set(s)] done [0.00s].
Creating S4 object ··· done [0.00s].

inspect(sort(frequentsets,by="support")[1:10])   #根据支持度对求得的频繁项集排序并查看(等价于 inspect(sort(frequentsets)[1:10])

     items   support   count
[1] {whole milk}   0.25551601   2513
[2] {other vegetables}   0.19349263   1903
[3] {rolls/buns}   0.18393493   1809
[4] {soda}   0.17437722   1715
[5] {yogurt}   0.13950178   1372
[6] {bottled water}   0.11052364   1087
[7] {root vegetables}   0.10899847   1072
[8] {tropical fruit}   0.10493137   1032
[9] {shopping bags}   0.09852567   969
[10] {sausage}   0.09395018   924

summary(rules)   #查看求得的关联规则之摘要
set of 610 rules

rule length distribution (lhs + rhs):sizes
  1   2   3
 88 426 96

Min. 1st Qu.Median   Mean 3rd Qu. Max.
 1.000 2.000 2.000 2.013 2.000 3.000

summary of quality measures:
support   confidence   lift   count
Min.:0.01007   Min.   :0.01027   Min.   :0.7899   Min.   : 99.0
1st Qu.:0.01159   1st Qu.:0.08892   1st Qu.:1.1494   1st Qu. : 114.0

```
   Median :0.01464       Median :0.15901      Median :1.4905      Median   : 144.0
   Mean   :0.02138       Mean   :0.19096      Mean   :1.5578      Mean     : 210.2
   3rd Qu.:0.02227       3rd Qu.:0.26185      3rd Qu.:1.8338      3rd Qu.  : 219.0
   Max.   :0.25552       Max.   :0.58621      Max.   :3.3723      Max.     :2513.0

mining info:
  data ntransactions support confidence
  Groceries          9835    0.01    0.01

inspect(sort(x,by="support")[1:5])      #根据支持度对求得的关联规则子集排序并查看
  lhs                    rhs             support      confidence   lift         count
[1] {other vegetables}  => {whole milk}  0.07483477   0.3867578    1.513634     736
[2] {rolls/buns}        => {whole milk}  0.05663447   0.3079049    1.205032     557
[3] {yogurt}            => {whole milk}  0.05602440   0.4016035    1.571735     551
[4] {root vegetables}   => {whole milk}  0.04890696   0.4486940    1.756031     481
[5] {tropical fruit}    => {whole milk}  0.04229792   0.4031008    1.577595     416
```

5.4 小　　结

1. Apriori 算法

(1) 优点。

①Apriori 算法的关联规则是在频繁项集基础上产生的，这可以保证这些规则的支持度达到指定的水平，具有普遍性和令人信服的水平。

②算法简单、易理解，对数据要求低。

(2) 缺点。

①在每一步产生候选项目集时循环产生的组合过多，没有排除不应参与组合的项。

②每次计算项集的支持度时，都对数据库中的全部数据进行一遍扫描比较，I/O 负载很大。

2. AprioriTid 算法

它与 Apriori 算法最大的区别在于对原始数据集的更新。当数据集较大时，得到的新数据集会比原始数据集小很多，这样在进行遍历时就节省了时间。

如今对于频繁项集的寻找有许多改进的方法，本章就提及了一种，但这些改进的方法都是基于 Apriori 算法的，改变的只是对挖掘频繁项集的处理方法。

参 考 文 献

[1] R Agrawal, R Srikant. fast algorithms for mining association rules[C]. Proc. of the 20th International Conference on Very Large Data Bases, 1994: 487–499.

[2] R Santhi. using hash based apriori algorithm to reduce the candidate 2- itemsets for mining association rule [J]. Journal of Global Research in Computer Science, 2011, 2(5).

[3] J Han, J Pei, Y Yin, et al. mining frequent patterns without candidate generation: a frequent-pattern tree approach[J]. Data Mining and Knowledge Discovery, 2004, 8(1): 53–87.

[4] R Agrawal, R Srikant. mining sequential patterns[C]. Proc. of the 11th International Conference on Data Engineering, 1995: 3-14.

第6章 EM算法

6.1 算法简介

近年来,在数据挖掘、机器学习和模式识别等领域的算法研究中,EM 算法吸引了诸多研究者的兴趣[1-3]。EM 算法是一种迭代优化策略,由于它的每次迭代都分两步,其中一步为期望步(E 步骤),另一步为极大步(M 步骤),所以被称为 EM 算法(Expectation Maximization Algorithm)。EM 算法受到缺失思想影响,最初是为了解决数据缺失情况下的参数估计问题。Dempster、Laird 和 Rubin[4]于 1977 年对算法基础和收敛有效性等问题给出了详细的阐述。其基本思想是:首先根据已经给出的观测数据估计出模型参数的值;然后依据上一步估计出的参数值估计缺失数据的值,再根据估计的缺失数据的值加上已经观测到的数据重新对参数值进行估计,然后反复迭代,直至最后收敛,迭代结束。

EM 算法作为一种数据添加算法,在近几十年得到迅速的发展,主要源于当前科学研究及各方面实际应用在数据量越来越大的情况下,经常存在数据缺失或不可用的问题,这时直接处理数据比较困难,而数据添加办法有很多种,常用的有神经网络拟合、添补法、卡尔曼滤波法等。EM 算法之所以能迅速普及,主要是因为它算法简单,稳定上升的步骤能非常可靠地找到"最优的收敛值"。随着理论的发展,EM 算法已经不单单用于处理缺失数据的问题,它所能处理的问题更加广泛。有时缺失数据并非是真的缺少了,而是为了简化问题而采取的策略,这时 EM 算法被称为数据添加技术,所添加的数据通常被称为"潜在数据"。复杂的问题通过引入恰当的潜在数据能够有效地被解决。

为了说明基于混合模型的聚类方法,我们假定观察到 p 维数据 $y_1,\cdots,y_n$,这些观测数据来自含有 g 个分量的混合分布,该混合分布的分量的权重分别为 $\pi_1,\cdots,\pi_g$,其总和为 1。那么观测数据 y_j 的混合密度可以表示为

$$f(y_j;\Psi) = \sum_{i=1}^{g}\pi_i f(y_j;\theta_i) \ (j=1,\cdots,n) \tag{6.1}$$

其中,分量密度 $f(y_j;\theta_i)$ 由参数向量 θ_i 确定,那么所有未知参数的向量可表示为 $\Psi = (\pi_1,\cdots,\pi_{g-1},\theta_1^T,\cdots,\theta_g^T)^T$,上标 T 表示向量转置。

参数向量 Ψ 的估计可以通过 ML 估计给出。其实这在数学上是一个优化问题,最优化的目标是似然度函数 $L(\Psi)$ 或等价对数似然函数 $\ln L(\Psi)$,其定义域为整个参数取值空间。根据最优化原理,参数 Ψ 的 ML 估计 $\hat{\Psi}$ 是对数似然度一阶导数方程的根,即

$$\partial \ln L(\Psi) / \partial \Psi = 0 \tag{6.2}$$

其中，$\ln L(\Psi) = \sum_{j=1}^{n} \ln f(y_i;\Psi)$ 是假设数据 $y_1,\cdots,y_n$ 独立时形成的 Ψ 的对数似然函数。

ML 估计的目的是确定每个 n 的估计 $\hat{\Psi}$，使其得到式(6.2)所示的一致且渐进的根序列。这些根以趋近于 1 的概率对应于参数空间内部的局部极大值点。对于一般的模型估计问题，似然度在参数空间的内部通常都有局部极大值。如果让估计 $\hat{\Psi}$ 在每个 n 上都能使得 $L(\Psi)$ 取得全局最大值，那么式(6.2)的根序列就会有良好的渐进收敛性。

6.2 算法基本原理

6.2.1 基础理论

EM 算法是处理不完整数据的迭代算法，在每次迭代中都有两个步骤：期望步(E 步骤)和极大步(M 步骤)。在不完全数据框架下的 EM 算法中，我们使 $y=(y_1^T,\cdots,y_n^T)^T$ 表示观测数据向量，我们让 z 表示缺失数据向量，完整数据向量被表示为 $x=(y^T,z^T)^T$。EM 算法通过对"完全数据"对数似然函数值 $\ln L_c(\Psi)$ 的逐步迭代方式间接地求解"不完全数据"对数似然方程(6.2)。由于 $\ln L_c(\Psi)$ 依赖于不可观察的数据 z，所以在执行 E 步骤时，$\ln L_c(\Psi)$ 被 Q 函数代替，也就是在 y 的前提条件下，Ψ 值的期望值。更确切地说，在 EM 算法的第 $k+1$ 次迭代中，E 步骤计算

$$Q[\Psi,\Psi^{(k)}] = E_{\Psi^{(k)}}\{\ln L(\Psi)|y\} \tag{6.3}$$

其中，$E_{\Psi^{(k)}}$ 表示使用参数 $\Psi^{(k)}$ 的期望值。M 步骤更新 Ψ 的估计值 $\Psi^{(k+1)}$，从而使得 Ψ 的整个参数空间上 $Q[\Psi,\Psi^{(k)}]$ 函数取得最大值。如此，E 步骤和 M 步骤交替进行，直到对数似然值的变化小于某个指定的阈值。如前所述，EM 算法在数值上稳定，每次 EM 迭代都会增加似然度的值，即

$$L[\Psi^{(k+1)}] \geq L[\Psi^{(k)}] \tag{6.4}$$

可以看出，如果"含完整数据"的概率密度函数是指数族分布的话，那么 E 步骤和 M 步骤都将具有特别简单的形式。在实践中，M 步骤存在封闭形式的解。但是在有些情况下很难给出解的封闭形式，这就难以使 $Q[\Psi,\Psi^{(k)}]$ 函数具有全局最大的解。在这种情况下，可以采用一种广义的 EM(GEM)算法，该算法放松了 M 步骤，仅要求 $\Psi^{(k+1)}$ 能增加 $Q[\Psi,\Psi^{(k)}]$ 函数的值便可，即

$$Q[\Psi^{(k+1)};\Psi^{(k)}] \geq Q[\Psi^{(k)};\Psi^{(k)}] \tag{6.5}$$

6.2.2 算法过程实例

本节给出两个例子来演示如何在数据挖掘中的一些常见情况下方便地应用 EM 算

法来找到 ML 定义。这两个例子都涉及用于有限混合模型的 ML 估计算法的应用，被广泛用于异构数据的建模。这两个例子说明了如何使用不完整数据公式来推导 EM 算法获得 ML 估计。

1. 实例1：多元正态混合

该例涉及 EM 算法在具有多元正态分布的有限混合模型中的应用。参考式(6.1)，y_j 的混合密度由下式给出：

$$f(y_j; \Psi) = \sum_{i=1}^{g} \pi_i \Phi(y_j; \mu_i, \Sigma_i) \quad (j=1,\cdots,n) \tag{6.6}$$

其中，$\Phi(y_j; \mu_i, \Sigma_i)$ 表示具有平均值 μ_i 和协方差矩阵 Σ_i 的 p 维多元正态分布。这里，未知参数的向量 Ψ 由三部分构成：混合比例 $\pi_1, \cdots, \pi_{g-1}$；每个分量的均值 μ_i；协方差矩阵 Σ_i。然后给出 Ψ 的对数似然

$$\ln L(\Psi) = \sum_{j=1}^{n} \ln \Phi(y_j; \mu_i, \Sigma_i)$$

对应于局部最大值的对数似然方程的解可以通过应用 EM 算法迭代地找到。

在 EM 框架内，每个 y_j 都被概念化为从混合模型的 g 个分量[见式(6.6)]中产生的。我们让 $z_1, \cdots, z_n$ 表示不可观察的分布向量，其中根据第 j 个观察值 y_j 是否来自第 i 个分布，z_j 的第 i 个元素 z_{ij} 被取为 1 或 0。观察到的数据向量 y 被视为不完整的，因为作为相关的分布指示符向量 $z_1, \cdots, z_n$ 不可用。因此，完整数据向量为 $x = (y^T, z^T)^T$，其中 $z = (z_1^T, \cdots, z_n^T)^T$。$\Psi$ 的完整数据对数似然由下式给出：

$$\ln L_c(\Psi) = \sum_{i=1}^{g} \sum_{j=1}^{n} z_{ij} [\ln \pi_i + \ln \Phi(y_j; \mu_i, \Sigma_i)] \tag{6.7}$$

通过将式(6.7)中的 z_{ij} 视为缺失数据，可将 EM 算法应用于该问题。在第 $k+1$ 次迭代中，E 步骤计算了 $Q[\Psi, \Psi^{(k)}]$ 函数，它是给定 y 的完整数据对数似然率的条件期望值。由于完整的数据对数似然性[见式(6.7)]在缺失数据 z_{ij} 中是线性的，所以我们只需要由给出观测数据 y 计算出 Z_{ij} 的当前条件期望。其中，Z_{ij} 是对应于 z_{ij} 的随机变量，即

$$E_{\Psi^{(k)}}\{Z_{ij} | y\} = pr_{\Psi^{(k)}}\{Z_{ij}=1 | y\}$$
$$= \pi[y_j; \Psi^{(k)}] \tag{6.8}$$
$$= \pi_i^{(k)} \Phi[y_j; \mu_i^{(k)}, \Sigma_i^{(k)}] / \sum_{h=1}^{g} \pi_h^{(k)} \Phi[y_j; \mu_h^{(k)}, \Sigma_h^{(k)}]$$

其中，$i=1,\cdots,g$；$j=1,\cdots,n$；$\pi[y_j; \Psi^{(k)}]$ 是第 j 次观测 y_j 属于混合物的第 i 个分量的后验概率。从式(6.7)和式(6.8)可以看出

$$Q[\Psi, \Psi^{(k)}] = \sum_{i=1}^{g} \sum_{j=1}^{n} \pi(y_j; \Psi^{(k)})[\ln \pi_i + \ln \Phi(y_j; \mu_i, \Sigma_i)] \tag{6.9}$$

对于正态密度分量型的混合，根据以下给出的充分统计来计算对于后面的处理是有益的：

$$T_{i1}^{(k)} = \sum_{j=1}^{n} \tau_i[y; \Psi^{(k)}]$$

$$T_{i2}^{(k)} = \sum_{j=1}^{n} \tau_i[y_j; \Psi^{(k)}] y_j$$

$$T_{i3}^{(k)} = \sum_{j=1}^{n} \tau_i[y_j; \Psi^{(k)}] y_j y_j^T \tag{6.10}$$

对于正态分量，M 步骤的解以闭合形式存在，并且基于式(6.10)中的充分统计量来简化，即

$$\pi_i^{(k+1)} = T_{i1}^{(k)} / n$$

$$\mu_i^{(k+1)} = T_{i2}^{(k)} / T_{I1}^{(k)}$$

$$\Sigma_i^{(k+1)} = \{T_{i3}^{(k)} - T_{i1}^{(k-1)} T_{i2}^{(k)} T_{i2}^{(k)T}\} / T_{I1}^{(k)} \tag{6.11}$$

在分布协方差矩阵不受约束的情况下，$L(\Psi)$ 是无界的，因为每个数据点都在参数空间的边缘产生奇异点[16,20]。必须考虑到由于具有非常小的(但非零)广义方差的拟合分布而产生的伪局部最大值问题。在多变量数据的情况下，这样的分布对应于包含相对靠近在一起或几乎位于较低维子空间中的几个点簇。

实际上，分布协方差矩阵 Σ_i 可以被限制为同一个 $\Sigma_i = \Sigma (i = 1, \cdots, g)$。其中，$\Sigma$ 是未指定的。在这种同质正态分布的情况下，同质分量协方差矩阵 Σ 的更新估计由下式给出：

$$\Sigma^{(k+1)} = \sum_{i=1}^{g} T_{i1}^{(k)} \Sigma_i^{(k+1)} / n \tag{6.12}$$

其中，$\Sigma_i^{(k+1)}$ 由式(6.11)给出，并且在异方差计算方法相同的情况下，π_i 和 μ_i 的更新见式(6.11)。

知名的 Iris 数据集可在机械学习数据库的 UCI 存储库中找到。数据包括 3 种鸢尾科，即 Setosa、Versicolour、Virginica 各 50 株植物的萼片和花瓣长度、宽度的测量。在这里，忽略数据的已知分类，通过使用 EMMIX 程序将具有异方差对角线分布协方差矩阵的 $g = 3$ 正态分布的混合来聚类这些 4 维数据。未知参数 Ψ 的矢量现在由混合比例 π_1、π_2、π_3 组成，分布均值 μ_i 的元素和分布由协方差矩阵 $\Sigma_i (i = 1, 2, 3)$ 的对角元素组成。初始值 $\Psi^{(0)}$ 被选择为

$$\pi_1^{(0)} = 0.31, \quad \pi_2^{(0)} = 0.33, \quad \pi_3^{(0)} = 0.36$$

$$\mu_1^{(0)} = (5.0, 3.4, 1.5, 0.2)^T$$

$$\mu_2^{(0)} = (5.8, 2.7, 4.2, 1.3)^T$$

$$\mu_3^{(0)} = (6.6, 3.0, 5.5, 2.0)^T$$

$$\Sigma_1^{(0)} = \text{diag}(0.1, 0.1, 0.03, 0.01)$$
$$\Sigma_2^{(0)} = \text{diag}(0.2, 0.1, 0.2, 0.03)$$
$$\Sigma_3^{(0)} = \text{diag}(0.3, 0.1, 0.3, 0.1)$$

这些值是通过使用 k-means 聚类方法获得的。使用 EMMIX 程序，默认停止标准是当前迭代的对数似然的变化和先前 10 次迭代的对数似然相差小于当前对数似然的 0.000001。EM 算法的结果见表 6.1。可以将 Ψ 的 MLE 视为迭代 $k = 29$ 处的 $\Psi^{(k)}$ 的值。或者，EMMIX 程序提供 EM 算法应用的自动起始值。作为示例，从 10 随机开始（使用数据的 70%子采样），10 次 k-means 启动和 6 个分层方法确定初始值 $\Psi^{(0)}$。最终的估计值与表 6.1 中给出的相同。

表 6.1 实例 1 的 EM 算法的结果

迭代次数	$\pi_i^{(k)}$	$\mu_i^{(k)T}$	$\Sigma_i^{(k)}$ 的对角线元素	极大似然对数值
0	0.310 0.330 0.360	(5.00,3.10,1.50,0.20) (5.80,2.70,4.20,1.30) (6.60,3.11,5.50,2.00)	(0.100,0.100,0.30,0.010) (0.200,0.100,0.200,0.030) (0.300,0.100,0.300,0.100)	−317.98421
1	0.333 0.299 0.368	(5.01,3.43,1.46,0.25) (5.82,2.70,4.20,1.30) (6.62,3.01,5.48,1.98)	(0.122,0.141,0.030,0.011) (0.225,0.089,0.212,0.034) (0.322,0.083,0.325,0.088)	−306.90935
2	0.333 0.300 0.367	(5.01,3.43,1.46,0.25) (5.83,2.70,4.21,1.30) (6.62,3.01,5.47,1.98)	(0.222,0.141,0.030,0.011) (0.226,0.087,0.218,0.034) (0.323,0.083,0.328,0.087)	−306.87370
10	0.333 0.303 0.364	(5.01,3.43,1.46,0.25) (5.83,2.70,4.22,1.30) (6.62,3.02,5.48,1.99)	(0.122,0.141,0.030,0.011) (0.227,0.087,0.224,0.035) (0.324,0.083,0.328,0.086)	−306.86234
20	0.333 0.304 0.363	(5.01,3.43,1.46,0.25) (5.83,2.70,4.22,1.30) (6.62,3.02,5.48,1.99)	(0.122,0.141,0.030,0.011) (0.228,0.087,0.225,0.035) (0.324,0.083,0.327,0.086)	−306.86075
29	0.333 0.305 0.362	(5.01,3.43,1.46,0.25) (5.83,2.70,4.22,1.30) (6.62,3.02,5.48,1.99)	(0.122,0.141,0.030,0.011) (0.229,0.087,0.225,0.035) (0.324,0.083,0.327,0.085)	−306.86052

2. 实例 2：混合因子分析

McLachlan 和 Peel 采用混合因子分析模型对 wine 数据集进行聚类。该数据集来自 UCI 机器学习数据库。这些数据给出了意大利同一地区生长的 3 个不同品种的葡萄酒的化学分析结果，分析确定了在 $n = 178$ 的葡萄酒中发现的 $p = 13$ 个化学成分。为了对该数据集进行聚类，可以采用 3 组正态混合模型。然而，在该问题中，$p = 13$，即使用所有化学成分，协方差矩阵 Σ_i 对于每个 $i(i = 1, 2, 3)$ 都具有 91 个参数，这意味着相对于样本 $n = 178$，参数总数非常大。可以使用混合因子分析来减少要拟合的参数数量。在该方法中，每个观察 Y_j 被建模为

$$Y_j = \mu_i + B_i U_{ij} + \varepsilon_{ij} \qquad j = 1, \cdots, g$$

概率为 $\pi_i (i = 1, \cdots, g)$，其中，U_{ij} 是称为因子的隐含或不可观测的 q 维$(q < p)$向量；

B_i 是因子负载(模型参数)的 $p \times q$ 矩阵。$U_{i1},\cdots,U_{in}$ 相互独立且分布为 $N(0, I_q)$，ε_{ij} 相互独立且分布为 $N(0, D_i)$，其中，I_q 是 $q \times q$ 单位矩阵，D_i 是 $p \times p$ 对角矩阵($i=1,\cdots,g$)。于是有

$$f(y_j; \Psi) = \sum_{i=1}^{g} \pi_i \Phi(y_j; \mu_i, \Sigma_i)$$

其中，$\Sigma_i = B_i B_i^{\mathrm{T}} + D_i (i=1,\cdots,g)$。未知参数 Ψ 由 μ_i、B_i 和 D_i 及混合比例 $\pi_i (i=1,\cdots,g-1)$ 组成。

交替预期条件最大化(AECM)算法可用于混合因子分析模型的 ML 估计。未知参数被分为 $(\Psi_1^{\mathrm{T}}, \Psi_2^{\mathrm{T}})^{\mathrm{T}}$，其中，$\Psi_1$ 包含 $\pi_i(i=1,\cdots,g-1)$ 和 $\varepsilon_i(i=1,\cdots,g)$ 的项。子向量 Ψ_2 包含 B_i 和 D_i $(i=1,\cdots,g)$。AECM 算法是期望条件最大化(ECM)算法的扩展，在每个条件最大化(CM)步骤中都允许完整数据的规范不同。在该应用中，一次迭代由对应 Ψ 分成 Ψ_1 和 Ψ_2 两个周期组成，每个周期都有一个 E 步骤和一个 CM 步骤。对于 AECM 算法的第 1 个周期，我们将丢失的数据指定为分量指示向量 z_1、$\cdots$、z_n，见式(6.7)。第 $k+1$ 次迭代的第 1 个周期的 E 步骤本质上就是式(6.8)和式(6.9)。第 1 个 CM 步骤更新 $\Psi_1^{(k+1)}$ 为

$$\pi_i^{(k+1)} = \sum_{j=1}^{n} \tau_{ij}^{(k)} / n$$

$$\mu_i^{(k+1)} = \sum_{j=1}^{n} \tau_{ij}^{(k)} y_j / \sum_{j=1}^{n} \tau_{ij}^{(k)}$$

其中，$i=1,\cdots,g$。对于第 2 个周期更新 Ψ_2，我们将丢失的数据指定为因子 $U_{i1},\cdots,U_{in}$，以及分布指示向量 $z_1,\cdots,z_n$。设置 $\Psi^{(k+1/2)} = (\Psi_1^{(k+1/2)}, \Psi_2^{(k+1/2)})$ 时，第 2 周期的 E 步骤计算条件期望值为

$$E_{\Psi^{(k+1/2)}}\{Z_{ij}(U_{ij} - \mu_i) | y_j\} = \tau_{ij}^{(k+1/2)} \gamma_i^{(k)\mathrm{T}} (y_j - \mu_i)$$

$$\begin{aligned} & E_{\Psi^{(k+1/2)}}\{Z_{ij}(U_{ij} - \mu_i)(U_{ij} - \mu_i)^{\mathrm{T}} | y_j\} \\ & = \tau_{ij}^{(k+1/2)} [\gamma_i^{(k)\mathrm{T}}(y_j - \mu_i)(y_j - \mu_i)^{\mathrm{T}} \gamma_i^{(k)} + \Omega_i^{(k)}] \end{aligned}$$

其中，$\gamma_i^{(k)} = [B_i^{(k)} B_i^{(k)\mathrm{T}} + D_i^{(k)}]^{-1} B_i^{(k)}$；$\Omega_i^{(k)} = I_q - \gamma_i^{(k)\mathrm{T}} B_i^{(k)}$ ($i=1,\cdots,g$)。上述 E 使用给定 y_j 和 $z_{ij}=1$ 的 U_{ij} 的条件分布为

$$U_{ij} | y_j, z_{ij}=1 \sim N[\gamma_i^{\mathrm{T}}(y_j - \mu_i), \Omega_i]$$

其中，$i=1,\cdots,g$；$j=1,\cdots n$。第 2 周期的 CM 步骤提供 $\Psi_2^{(k+1)}$ 的估计公式

$$B_i^{(k+1)} = V_i^{(k+1/2)} \gamma_i^{(k)} [\gamma_i^{(k)\mathrm{T}} V_i^{(k+1/2)} \gamma_i^{(k)} + \Omega_i^{(k)}]^{-1}$$

$$D_i^{(k+1)} = \mathrm{diag}[V_i^{(k+1/2)} - B_i^{(k+1)} H_i^{(k+1/2)} B_i^{(k+1)\mathrm{T}}]$$

$$V_i^{(k+1/2)} = \frac{\sum_{j=1}^{n} \tau_{ij}^{(k+1/2)} [y_j - \mu_i^{(k+1)}][y_j - \mu_i^{(k+1)}]^{\mathrm{T}}}{\sum_{j=1}^{n} \tau_{ij}^{(k+1/2)}}$$

$$H_i^{(k+1/2)} = \gamma_i^{(k)\mathrm{T}} V_i^{(k+1/2)} \gamma_i^{(k)} + \Omega_i^{(k)}$$

作为示例，将不同 q 值的混合因子分析法拟合到葡萄酒数据集中，忽略已知的数据分类。为了确定 Ψ 的初始估计，EMMIX 程序使用 10 个随机起始值（具有数据的 70%子采样）来适应具有无限制分布协方差矩阵的正态混合模型。将所得到的 π_i 和 μ_i 的估计值用作 AECM 算法中的 π_i 和 μ_i 的初始值。使用如此获得的 Σ_i 的估计（表示为 $\Sigma_i^{(0)}$）来确定 D_i 的初始估计，其中 $D_i^{(0)}$ 被认为是由 $\Sigma_i^{(0)}$ 的对角元素形成的对角矩阵。可以使用参考文献[5]中描述的方法获得 B_i 的初始估计。从 $q=1$ 到 $q=8$ 的 AECM 算法的结果见表 6.2。我们还记录了似然比检验统计量 λ 的两倍值（对数似然率增加两倍）。对于给定数量 g 的分布，$-2\ln\lambda$ 的规则性条件渐近零分布服从于自由度为 d 的卡方分布，其中 d 是 0 和 q 值的差异。从表 6.2 可以看出，对于 $q=2$ 和 $q=3$，直接聚类的错误率最小。然而，这种错误率在聚类环境中是未知的，因此不能用作 q 的选择指南。关于使用似然比检验来确定因子 q 的数量，取 $-2\ln\lambda$ 为在 $q=q_0=6$ 的零假设下，$q=q_0=6$ 对 $q=q_0+1=7$ 的检验不显著（$P=0.28$），$d=g(p-q_0)=21$。

表 6.2 实例 2 的 AECM 算法的结果

q	极大似然对数值	错误率（错误率百分比）(%)	$-2\ln\lambda$
1	−3102.254	2(1.12)	—
2	−2995.334	1(0.56)	213.8
3	−2913.122	1(0.56)	164.4
4	−2871.655	3(1.69)	82.93
5	−2831.860	4(2.25)	79.59
6	−2811.290	4(2.25)	41.14
7	−2799.204	4(2.25)	24.17
8	−2788.542	4(2.25)	21.32

6.3 算法的 R 语言实现

6.3.1 mclust 函数介绍

最大期望算法（EM）是用含有隐变量的概率参数模型的最大似然估计（或极大后验概率估计）迭代算法。在 R 语言中，有如表 6.3 所示的参数介绍。

表 6.3 mclust 包中的 mclust 函数参数

函数 参数	Mclust(data, G = NULL, modelNames = NULL, prior = NULL, control = emControl(), initialization = NULL, warn = mclust.options("warn"), …)
data	提供用于分析的数据集(数据集中不可有分类变量)
G	指定分类的数目
modelNames	EM 算法过程中的拟合模型
prior	指定先验值，默认不指定
control	指定 EM 算法的控制参数，如收敛阈值、最大迭代次数等
initialization	算法指定初始值
warn	逻辑值，是否反馈某些警告信息

6.3.2 EM 标准模型的 R 语言实现

步骤1，数据集准备及其描述：

```
library(mclust)
mod1 = Mclust(iris[,1:4])
summary(mod1)
----------------------------------------------------
Gaussian finite mixture model fitted by EM algorithm
----------------------------------------------------
Mclust VEV (ellipsoidal, equal shape) model with 2 components:
 log.likelihood   n   df      BIC       ICL
      -215.726  150   26  -561.7285  -561.7289
Clustering table:
  1   2
 50  100
```

其中的 EM 模型解析见表 6.4。

表 6.4 EM 模型解析

参　　数	意　　义	结　　果
log.likelihood	似然估计值	−215.726
n	数据集大小	150
BIC	贝叶斯信息度量	−561.7285

步骤2，构建 EM 算法模型，指定分 3 类：

```
mod2 = Mclust(iris[,1:4], G = 3)
summary(mod2, parameters = TRUE)
----------------------------------------------------
Gaussian finite mixture model fitted by EM algorithm
----------------------------------------------------
Mclust VEV (ellipsoidal, equal shape) model with 3 components:
```

```
      log.likelihood   n  df       BIC       ICL
         -186.074    150  38  -562.5522  -566.4673
Clustering table:
 1  2  3
50 45 55
Mixing probabilities:
        1         2         3
0.3333333 0.3005423 0.3661243
Means:
                [,1]     [,2]     [,3]
Sepal.Length   5.006  5.915044 6.546807
Sepal.Width    3.428  2.777451 2.949613

Petal.Length   1.462  4.204002 5.482252
Petal.Width    0.246  1.298935 1.985523
Variances:
[,,1]
             Sepal.Length Sepal.Width Petal.Length Petal.Width
Sepal.Length   0.13320850  0.10938369   0.019191764  0.011585649
Sepal.Width    0.10938369  0.15495369   0.012096999  0.010010130
Petal.Length   0.01919176  0.01209700   0.028275400  0.005818274
Petal.Width    0.01158565  0.01001013   0.005818274  0.010695632
[,,2]
             Sepal.Length Sepal.Width Petal.Length Petal.Width
Sepal.Length   0.22572159  0.07613348   0.14689934  0.04335826
Sepal.Width    0.07613348  0.08024338   0.07372331  0.03435893
Petal.Length   0.14689934  0.07372331   0.16613979  0.04953078
Petal.Width    0.04335826  0.03435893   0.04953078  0.03338619
[,,3]
             Sepal.Length Sepal.Width Petal.Length Petal.Width
Sepal.Length   0.42943106  0.10784274   0.33452389  0.06538369
Sepal.Width    0.10784274  0.11596343   0.08905176  0.06134034
Petal.Length   0.33452389  0.08905176   0.36422115  0.08706895
Petal.Width    0.06538369  0.06134034   0.08706895  0.08663823
```

步骤3，构建EM算法模型，指定先验概率：

```
mod3 = Mclust(iris[,1:4], prior = priorControl(functionName="defaultPrior", shrinkage=0.1))
summary(mod3)
----------------------------------------------------
Gaussian finite mixture model fitted by EM algorithm
----------------------------------------------------
Mclust VEV (ellipsoidal, equal shape) model with 2 components:
Prior: defaultPrior(shrinkage = 0.1)
 log.likelihood   n  df       BIC       ICL
```

```
           -227.6729       150   26      -585.6223    -585.6227
Clustering table:
  1   2
 50 100
```

6.3.3 存在噪声的 EM 算法的 R 语言实现

步骤 1，数据集准备：

```
set.seed(0)   #设置随机种子
nNoise = 100
Noise = apply(faithful, 2, function(x)runif(nNoise, min = min(x)-.1, max = max(x)+.1))
data = rbind(faithful, Noise)   #带有人工噪声的数据集 data
```

步骤 2，数据集可视化：

```
plot(faithful)
points(Noise, pch = 20, cex = 0.5, col = "lightgrey")
set.seed(0)
NoiseInit = sample(c(TRUE,FALSE), size = nrow(faithful)+nNoise,replace = TRUE, prob = c(3,1)/4)
```

带有人工噪声的数据集的可视化效果（散点图）如图 6.1 所示。

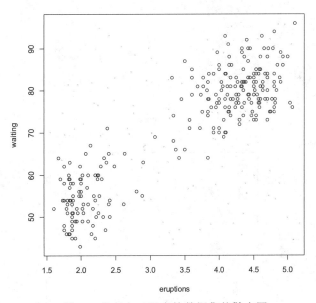

图 6.1 带有人工噪声的数据集的散点图

步骤 3，模型建立：

```
Library(mclust)   #加载 mclust 包
mod4 = Mclust(data, initialization = list(noise = NoiseInit))   #建立 EM 模型
summary(mod4, parameter = TRUE)
```

```
plot(mod4)
```

R 语言运算结果会有如下提示:

```
> plot(mod4)
Model-based clustering plots:

1: BIC
2: classification
3: uncertainty+
4: density
Selection:
```

在 Selection:之后选择 1,得到贝叶斯信息度量值(BIC)图,如图 6.2 所示。
在 Selection:之后选择 2,得到分类(classification)图,如图 6.3 所示。
在 Selection:之后选择 3,得到不确定性(uncertainty)图,如图 6.4 所示。
在 Selection:之后选择 4,得到密度(density)图,如图 6.5 所示。

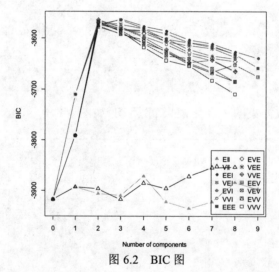

图 6.2 BIC 图

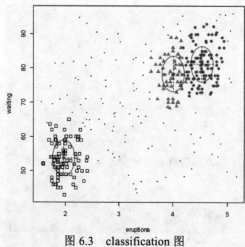

图 6.3 classification 图

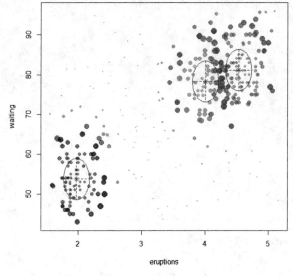

图 6.4 uncertainty 图

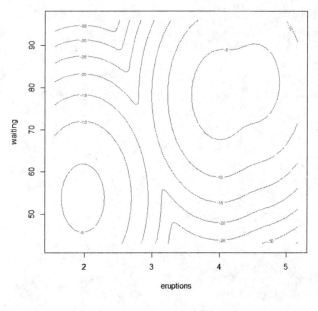

图 6.5 density 图

6.3.4 EM 算法应用于高斯混合模型(GMM)

EM 算法在高斯混合模型(Gaussian Mixture Model,GMM)中有很重要的用途。简单来讲,GMM 就是一些高斯分布的组合。

如果已知观测到数据的类别,则可以根据 ML 来估计出 GMM 的参数。反之,对于没有类别信息的一堆数据,如果已知 GMM 的参数,则可以很容易用贝叶斯公式将它们归入不同的类别。尴尬的情况是既不知道 GMM 参数,也不知道观测数据的类别。以下面生成的一维数据为例,我们希望找到这两个高斯分布的参数,同时为这些数据分类。

R语言代码如下：

```r
# 设置模拟参数
miu1 <- 3
miu2 <- -2
sigma1 <- 1
sigma2 <- 2
alpha1 <- 0.4
alpha2 <- 0.6
# 生成两种高斯分布的样本
n <- 5000
x <- rep(0,n)                    #生成5000个0的数据
n1 <- floor(n*alpha1)            #n1=5000×0.4=2000
n2 <- n - n1                     #n2=5000-2000=3000
x[1:n1] <- rnorm(n1)*sigma1 + miu1
#产生2000个服从正态分布的随机数
x[(n1+1):n] <- rnorm(n2)*sigma2 + miu2
#产生3000个服从正态分布的随机数
hist(x,freq=F)
#画出直方图
lines(density(x),col='red')
# 设置初始值
m <- 2
miu <- runif(m)                  #随机生成2个miu
sigma <- runif(m)                #随机生成2个sigma
alpha<- c(0.2,0.8)               #alpha1=0.2，alpha2=0.8
prob<- matrix(rep(0,n*m),ncol=m)
# 生成一个n×m的全0矩阵
for (step in 1:100){
# E 步骤
for (j in 1:m){
prob[,j]<- sapply(x,dnorm,miu[j],sigma[j])
    }
sumprob<- rowSums(prob)
prob<- prob/sumprob

oldmiu<- miu
oldsigma<- sigma
oldalpha<- alpha
# M 步骤
for (j in 1:m){
     p1 <- sum(prob[ ,j])
     p2 <- sum(prob[ ,j]*x)
miu[j] <- p2/p1
alpha[j] <- p1/n
     p3 <- sum(prob[ ,j]*(x-miu[j])^2)
sigma[j] <- sqrt(p3/p1)
   }
```

```
# 变化
epsilo<- 1e-4
if (sum(abs(miu-oldmiu))<epsilo &
sum(abs(sigma-oldsigma))<epsilo &
sum(abs(alpha-oldalpha))<epsilo) break
    #给定终止条件
cat('step',step,'miu',miu,'sigma',sigma,'alpha',alpha,'\n')
}
```

结果显示:

```
    step 1 miu 0.06238827 -0.008575459 sigma 0.03149786 2.978747 alpha
0.00645084 0.9935492
    step 2 miu 0.06736124 -0.009119208 sigma 0.05990328 2.988743 alpha
0.01309517 0.9869048
    step 3 miu 0.07260155 -0.009875431 sigma 0.09945175 3.001224 alpha
0.02131198 0.978688
    step 4 miu 0.0733833 -0.01091245 sigma 0.1636602 3.019417 alpha
0.03315434 0.9668457
    step 5 miu 0.0549651 -0.01155902 sigma 0.256575 3.048415 alpha 0.0517306
0.9482694
    step 6 miu -0.0004864521 -0.008737571 sigma 0.3788662 3.085478 alpha
0.0751277 0.9248723
    step 7 miu -0.1115605 0.004073951 sigma 0.5387987 3.133547 alpha
0.1054326 0.8945674
    step 8 miu -0.2937631 0.04111753 sigma 0.7472025 3.19727 alpha 0.1470232
0.8529768
    step 9 miu -0.5555391 0.1325304 sigma 1.020035 3.273628 alpha 0.2044097
0.7955903
    step 10 miu -0.8628447 0.3199026 sigma 1.362466 3.331456 alpha 0.2773376
0.7226624
    ...
```

两种高斯分布混合样本的直方图如图 6.6 所示。

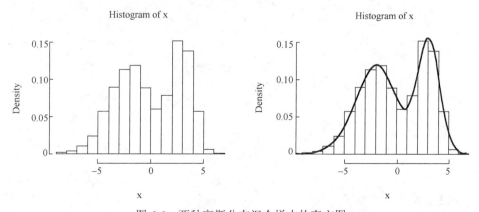

图 6.6 两种高斯分布混合样本的直方图

6.3.5　EM 算法应用于 Iris 数据集

GMM 模型常用于基于模型的聚类分析，GMM 中的每个高斯分布都可以代表数据的一类，整个数据就是多个高斯分布的混合。R 软件的 mclust 包中的 mclust 函数可以用来进行基于 GMM 的聚类分析。下面以最常用的 Iris 数据集为例进行介绍。Iris 数据集是常用的分类实验数据集，由 Fisher 于 1936 收集整理。Iris 也称鸢尾花卉数据集，是一类多重变量分析的数据集。该数据集包含 150 个数据集，分为 3 类，每类有 50 个数据，每个数据包含 4 个属性，可通过花萼长度、花萼宽度、花瓣长度、花瓣宽度 4 个属性预测鸢尾花卉属于 Setosa、Versicolour、Virginica 3 个种类中的哪一类。

R 语言代码如下：

```
library(mclust)
 #加载 mclust 包
mc<-Mclust(iris[,1:4], 3)
 #运用 mclust 包处理 Iris 数据集
plot(mc,what="classification",dimens=c(3,4))
 #画出分类结果
table(iris$Species, mc$classification)
```

结果显示如图 6.7 所示。

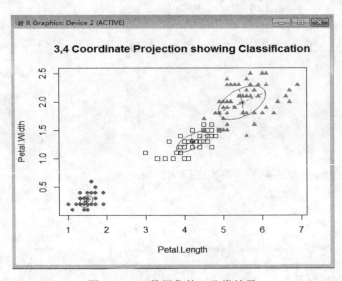

图 6.7　Iris 数据集的 3 分类结果

6.4　小　　结

1．EM 算法的主要优点

(1) 具有简单性和普适性，可看作是一种非梯度优化方法。

(2)EM 算法是自收敛的分类算法,既不需要事先设定类别,也不需要数据的两两比较、合并等操作。

2. EM 算法的主要缺点

(1)对初始值敏感,初始值不同可能得到不同的参数估计值。

(2)迭代速度慢、次数多,容易陷入局部最优。

(3)当所要优化的函数不是凸函数时,容易给出局部最佳解,而不是最优解。

3. EM 算法的未来研究与发展方向

(1)EM 算法在大规模多维数据集上的应用。众所周知,现今数以百万计的大规模多维数据集非常常见,EM 算法应用于这类数据集时的收敛速度仍有待提高。但与此同时,值得注意的是,保留其简单性与稳定性才有意义。

(2)初始化参数的确定。EM 算法的核心是根据已有的数据来迭代计算似然函数,使之收敛于某个最优值。EM 算法收敛的优劣很大程度上取决于其初始值。比如,在使用 EM 算法实现高斯混合模型聚类时,如何初始化 EM 参数是一个关键因素。

参 考 文 献

[1] Cappé O, Moulines E. on-line expectation-maximization algorithm for latent data models [J]. Journal of the Royal Statistical Society, 2009, 71(3):593-613.

[2] Vila J P, Schniter P. expectation-maximization gaussian-mixture approximate message passing [J]. IEEE Transactions on Signal Processing, 2012, 61(19):4658-4672.

[3] Garriga J, Palmer J R B, Oltra A, et al. expectation-maximization binary clustering for behavioural annotation[J]. Plos One, 2016, 11(3):e0151984.

[4] Dempster A P, Laird N M, Rubin D B. maximum likelihood from incomplete data via the EM algorithm[J]. Journal of the Royal Statistical Society, 1977, 39(1):1-38.

[5] McLachan G J, Peel D. finite mixture models[M]. New York: Wiley, 2000.

第 7 章 PageRank 算法

7.1 算法简介

基于链接的排名为 Web 搜索的成功做出了重大贡献。PageRank 算法是最著名的基于链接的排名算法,也是 Google 强大的搜索引擎。由于 Google 的巨大成功,PageRank 算法已经成为网络上的链接分析主导模型[1, 2]。

PageRank 算法由 Sergey Brin 和 Larry Page 于 1998 年 4 月在第七届国际万维网会议(WWW7)上首先提出,目的是解决早期搜索引擎基于内容排序算法的一些重大困难。这些早期搜索引擎基于用户查询和搜索引擎索引页面的内容相似性来检索用户的相关页面。在 20 世纪 90 年代中晚期,网页的数量越来越多,单纯的内容相似性已经不足以进行搜索。给定任何查询,相关页面的数量都可能很大[3]。例如,搜索查询"分类技术",Google 搜索引擎约有 1000 万个相关页面。信息丰富导致排名不准确成为主要问题,即如何选择出 10~30 页,并进行适当排列。另外,内容相似性方法很容易受垃圾电子邮件的影响。页面所有者可以重复一些重要的内容,并在他的页面中添加许多远程相关的内容,以提高页面的排名或使页面与大量可能的查询相关。

从 1996 年开始,学术界和搜索引擎公司的研究人员着手处理这些问题。他们致力于研究超链接。与传统信息检索中使用的文本文档不同,超链接通常被认为是彼此独立的(除了引证分析之外,它们之间没有明确的关系或链接),网页通过包含重要信息的超链接来连接[4]。一些超链接用于在同一网站上传递大量信息,其只指向同一站点中的页面;其他超链接指向其他网站的页面,这种超链接通常表明页面转移。例如,如果你的页面指向外部页面,则你显然相信此页面包含有用的信息。因此,其他超链接指向的页面可能包含权威信息。这种联系应用于页面评估和搜索引擎排名。PageRank 算法正好利用这样的链接来提供强大的排名算法。本质上,PageRank 算法依靠网络的民主性,通过使用庞大的链接结构作为个人页面质量的指标。此外,PageRank 算法不仅查看了一个页面收到的绝对数量的投票或链接,还分析了投票的页面。本身"重要"的页面投下的票权重更大,同时使相关页面更"重要"[5]。

7.2 算法基本原理

PageRank 算法产生 Web 页面的静态排名,即离线计算每个页面的 PageRank 值,该值不依赖于搜索查询。换句话说,PageRank 算法只基于 Web 上的现有链接,与用户发出的查询无关。在介绍 PageRank 算法的公式之前,首先说明一些主要的概念。

(1) 页面 i 的内链接：从其他页面指向第 i 页的超链接。通常不考虑来自同一网站的超链接。

(2) 页面 i 的外链接：从第 i 页指向其他页面的超链接。通常不考虑到同一网站的页面的链接。

基于排序声望的以下思想被用于推导 PageRank 算法。

(1) 从其他页面指向目标页面的超链接是一种权威性的隐式传输。因此，页面的内容越多，拥有的页面声望就越大。

(2) 指向其他页面的页面本身也有自己的声望分数。一个具有较高声望分数的页面指向我比具有较低声望分数的页面指向我更重要。换句话说，如果它被其他重要的页面指向，则该页面是重要的。

根据社会网络中的等级声望，第 i 页(PageRank 得分)的重要性是通过总指向页面 i 的所有页面的 PageRank 得分来确定的。因为页面可能指向许多页面，所以它的声望分数应在它指向的所有页面之间共享。

我们将 Web 视为有向图 $G=(V, E)$，其中，V 是顶点或节点的集合，即所有页面的集合；E 是有向边的集合图表，即超链接。Web 上的总页面数为 $n(n=|V|)$。页面 i(由 $P(i)$ 表示)的 PageRank 分数由下式定义：

$$P(i) = \sum_{(j,i)\in E} \frac{P(j)}{O_j} \tag{7.1}$$

其中，O_j 是页面 j 的外链接数。我们得到一个具有 n 个未知数的线性方程，即式(7.1)，可以使用矩阵来表示所有方程。令 $\boldsymbol{P}$ 为 PageRank 值的 n 维列向量，即

$$\boldsymbol{P} = [P(1), P(3), \cdots, P(n)]^{\mathrm{T}}$$

$\boldsymbol{A}$ 为有向图的邻接矩阵，有

$$A_{ij} = \begin{cases} \dfrac{1}{O_i} & 若(i,j) \in E \\ 0 & 其他 \end{cases} \tag{7.2}$$

于是可以写出 n 个特征方程

$$\boldsymbol{P} = \boldsymbol{A}^{\mathrm{T}} \boldsymbol{P} \tag{7.3}$$

其中，$\boldsymbol{P}$ 的解是具有对应特征值 1 的特征向量。由于这是一个循环定义，所以使用迭代算法来求解它。事实证明，如果满足 $\boldsymbol{A}$ 是不可约和非周期的随机矩阵，则 1 是最大特征值，向量 $\boldsymbol{P}$ 是主要特征向量。但是，Web 图形不符合这些条件。事实上，式(7.3)也可以基于马尔可夫链导出，然后应用马尔科夫链的一些理论结果。

在马尔科夫链模型中，Web 中的每个网页或节点都被视为一个状态。超链接是一个转换，以一定概率从一个状态转换到另一个状态。

现在来看网页图，看看为什么 $\boldsymbol{A}$ 不满足上述条件。首先，$\boldsymbol{A}$ 不是随机(过渡)矩阵。时间矩阵是有限马尔科夫链的转移矩阵，其中每行的项都是非负实数，并且总和为 1，

这要求每个网页必须至少有一个外链接。这在网络上是不正确的，因为许多页面没有外链接。这反映在过渡矩阵 A 中，就是有一些完整的全 0 行。这样的页面被称为悬挂页面（节点）。

强连接图的定义：当且仅当对于每对节点 $u, v \in V$，都存在从 u 到 v 的路径时，有向图 $G=(V,E)$ 是强连接的。

其次，A 不是非周期性的。马尔科夫链中的状态 i 是周期性的，意味着存在链接必须经过的定向循环。

如果状态 i 是周期性的，且最小正周期 $k>1$，则说明从状态 i 返回到状态 i 的所有路径长度都是 k 的整数倍。如果状态不是周期性的（$k=1$），则是非周期性的。如果所有部分都是非周期性的，则马尔科夫链是非周期性的。

我们在每个页面都添加一个链接到其他页面，并给每个链接一个由参数 d 控制的小转换概率。改进的过渡矩阵明显变得不可约束，也是非周期性的。这时我们获得了一个改进的 PageRank 模型，即

$$P = \left[(1-d)\frac{E}{n} + dA^T\right]P \tag{7.4}$$

其中，$E=ee^T$（e 是全 1 的列向量），因此 E 是全 1 的 $n\times n$ 方阵；n 是 Web 图中的节点总数，$1/n$ 是跳转到随机页面的概率。假设 A 已经被制成随机矩阵，缩放后得到

$$P = (1-d)e + dA^T P \tag{7.5}$$

这给出了每页的 PageRank 算法公式

$$P(i) = (1-d) + d\sum_{j=1}^{n} A_{ij} P(j) \tag{7.6}$$

相当于原始 PageRank 算法中给出的公式

$$P(i) = (1-d) + d\sum_{(j,i)\in E} \frac{P(j)}{O_j} \tag{7.7}$$

其中，参数 d 称为阻尼因子，可以设置为 0～1 之间的值。

Web 页面的 PageRank 值的计算可以使用幂迭代方法完成，可以从 PageRank 值的任何初始赋值开始，该方法产生特征值为 1 的特征向量。当 PageRank 值不再变化或收敛时，迭代结束。迭代在残差向量的 1 范数小于预先指定的阈值 ε 之后结束，如图 7.1 所示。

在网页搜索中，我们只对页面的排名感兴趣。因此，实际的收敛不是必需的，同时要控制迭代次数。据报道，在 3.2 亿个链接的数据库中，该算法约在 52 次迭代后收敛到可接受的误差。

```
有向图 G 的 PageRank 值的迭代
P_0 ← e/n
k ← 1
重复
    P_k ← (1-d)e + dA^T P_{k-1};
    k ← k+1
直到 ||P_k - P_{k-1}||_1 < ε
返回 P_k 值
```

图 7.1 PageRank 算法的幂迭代方法

7.3 算法的 R 语言实现

7.3.1 page.rank 函数介绍

通过计算 PageRank 值可对网页进行分类。其主要参数介绍见表 7.1。

表 7.1 igraph 包中的 page.rank 函数参数

参数\函数	page.rank (graph, algo = c("prpack", "arpack", "power"), vids = V(graph), directed = TRUE, damping = 0.85, personalized = NULL, weights = NULL, options = NULL)
graph	graph 对象
algo	具体算法实现,默认为 prpack
vids	顶点数
directed	是否为有向图,值为 TRUE/FALSE
damping	阻尼因子 α
personalized	用户自定义页面间跳转的概率,而不是平均分布,需保证列向量之和为 1
weights	为页面间的链接分配权重
options	覆盖 power/arpack 的算法参数,对 prpack 算法无效

7.3.2 igraph 包实现 PageRank 算法

步骤 1,加载 R 包:

```
library(igraph)
library(dplyr)
library(printr)
```

步骤 2,数据集准备:

```
g <- random.graph.game(n = 10, p.or.m = 1/4, directed = TRUE)
plot(g)
```

步骤 3,建立模型:

```
pr <- page.rank(g)$vector
df <- data.frame(Object = 1:10, PageRank = pr)
```

步骤 4,模型展示:

```
arrange(df, desc(PageRank))
```

PageRank 值见表 7.2,网页指向图如图 7.2 所示。

表 7.2 PageRank 值

df		arrange(df, desc(PageRank))	
网页编号	PageRank 值	排序后的网页编号	PageRank 值
1	0.09229355	8	0.18186718
2	0.05963642	3	0.15754032

续表

df		arrange(df, desc(PageRank))	
网页编号	PageRank 值	排序后的网页编号	PageRank 值
3	0.15754032	4	0.14380089
4	0.14380089	10	0.13692998
5	0.04034548	6	0.10153951
6	0.10153951	1	0.09229355
7	0.07104667	7	0.07104667
8	0.18186718	2	0.05963642
9	0.01500000	5	0.04034548
10	0.13692998	9	0.01500000

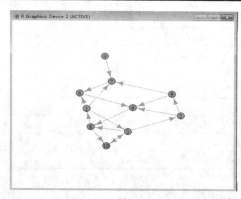

图 7.2 网页指向图

PageRank 的返回值及其说明见表 7.3。

表 7.3 PageRank 的返回值及其说明

返回值	说　　明
vector	PageRank 值的向量
value	特征向量的特征值
options	arpack 算法的参数，若采用其他算法，则为 NULL

7.3.3 自定义 PageRank 算法的 R 语言实现

步骤 1，读取数据集：

```
    pages<-read.table(file="C:/Users/Administrator/Desktop/pagerank.csv",header=FALSE,sep=",")
    names(pages)<-c("src","dist");pages
```

步骤 2，计算数据矩阵特征值：

```
    calcEigenMatrix<-function(G){
    x <- Re(eigen(G)$vectors[,1])
    x/sum(x)}
```

步骤 3，变换概率矩阵，考虑阻尼因子的情况：

```
    dProbabilityMatrix<-function(G,d=0.85){
    cs <- colSums(G)
```

```
cs[cs==0] <- 1
n <- nrow(G)
delta <- (1-d)/n
A <- matrix(delta,nrow(G),ncol(G))
for (i in 1:n) A[i,] <- A[i,] + d*G[i,]/cs
A}
```

步骤4,构建邻接矩阵:

```
adjacencyMatrix<-function(pages){
n<-max(apply(pages,2,max))
A <- matrix(0,n,n)
for(i in 1:nrow(pages)) A[pages[i,]$dist,pages[i,]$src]<-1
A}
```

步骤5,计算PageRank值:

```
A<-adjacencyMatrix(pages);G<-dProbabilityMatrix(A);q<-calcEigenMatrix(G);
> A
     [,1]  [,2]  [,3]  [,4]
[1,]   0     0     0     0
[2,]   1     0     0     1
[3,]   1     1     0     0
[4,]   1     1     1     0
> G
          [,1]       [,2]     [,3]     [,4]
[1,]  0.0375000   0.0375   0.0375   0.0375
[2,]  0.3208333   0.0375   0.0375   0.8875
[3,]  0.3208333   0.4625   0.0375   0.0375
[4,]  0.3208333   0.4625   0.8875   0.0375
> q
[1] 0.0375000 0.3732476 0.2067552 0.3824972
```

PageRank值的权重及说明见表7.4。

表7.4 PageRank值的权重及说明

网 页 号	权 重	说 明
ID=1	0.0375	指向ID=1的页面很少,PR值很小
ID=2	0.3732	PageRank值最大,权重最高。1、4页面链接都指向2页面,4页面权重较高,并且4页面只有一个链接指向2页面,权重传递没有损失
ID=3	0.2068	虽然1、2页面链接都指向3页面,但是1、2页面还指向其他页面,权重被分散了,所以PageRank值并不高
ID=4	0.3825	因为1、2、3页面链接都指向4页面,所以PageRank值较大,权重很高

7.3.4 补充实例

页面链接示意图如图7.3所示。

ID=1的页面链接指向2、3、4页面,所以一个用户从ID=1的页面跳转到2、3、

4页面的概率均为 1/3。

ID=2 的页面链接指向 3、4 页面,所以一个用户从 ID=2 的页面跳转到 3、4 页面的概率均为 1/2。

ID=3 的页面链接指向 4 页面,所以一个用户从 ID=3 的页面跳转到 4 页面的概率为 1。

ID=4 的页面链接指向 2 页面,所以一个用户从 ID=4 的页面跳转到 2 页面的概率为 1。

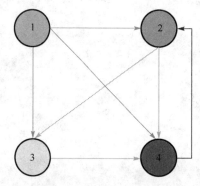

图 7.3　页面链接示意图

(1)构造邻接表。图 7.3 所对应的源页面与目标页面的对应关系见表 7.5。

表 7.5　源页面与目标页面的对应关系

链接源页面	链接目标页面
1	2、3、4
2	3、4
3	4
4	2

(2)构造邻接矩阵(方阵)。列:源页面;行:目标页面。

	[,1]	[,2]	[,3]	[,4]
[1,]	0	0	0	0
[2,]	1	0	0	1
[3,]	1	1	0	0
[4,]	1	1	1	0

(3)转换为概率矩阵(转移矩阵)。

	[,1]	[,2]	[,3]	[,4]
[1,]	0	0	0	0
[2,]	1/3	0	0	1
[3,]	1/3	1/2	0	0
[4,]	1/3	1/2	1	0

通过链接关系,我们就构造出转移矩阵。

(3)创建数据文件 page.csv:

```
1,2
1,3
1,4
2,3
2,4
3,4
4,2
```

分别用下面 3 种方式实现 PageRank 算法。
(1) 未考虑阻尼因子的情况：

```
#构建邻接矩阵
adjacencyMatrix<-function(pages){
  n<-max(apply(pages,2,max))         #取 pages 数据集第 2 列中的最大数
  A <- matrix(0,n,n)                  #生成一个 n×n 的全 0 矩阵
  for(i in 1:nrow(pages)) A[pages[i,]$dist,pages[i,]$src]<-1
  A
}
#变换概率矩阵
probabilityMatrix<-function(G){
  cs <- colSums(G)                    #求 G 的列和
  cs[cs==0] <- 1
  n <- nrow(G)                        #取 G 的列数
  A <- matrix(0,nrow(G),ncol(G))      #生成一个 nrow(G)×ncol(g)的全 0 矩阵
  for (i in 1:n) A[i,] <- A[i,] + G[i,]/cs
  A
}
#递归计算矩阵特征值
eigenMatrix<-function(G,iter=100){
  iter<-10
  n<-nrow(G)                          #取 G 的行数
  x <- rep(1,n)                       #将 1 重复 n 次
  for (i in 1:iter) x <- G %*% x
  x/sum(x)
}
pages<-read.table(file="C:\\Users\\Administrator\\Desktop\\page.csv",header=FALSE,sep=",")
names(pages)<-c("src","dist");pages
A<-adjacencyMatrix(pages);A
     [,1] [,2] [,3] [,4]
[1,]   0    0    0    0
[2,]   1    0    0    1
[3,]   1    1    0    0
[4,]   1    1    1    0
```

```
G<-probabilityMatrix(A);G
         [,1]     [,2] [,3] [,4]
[1,] 0.0000000    0.0    0    0
[2,] 0.3333333    0.0    0    1
[3,] 0.3333333    0.5    0    0
[4,] 0.3333333    0.5    1    0
q<-eigenMatrix(G,100);q
         [,1]
[1,] 0.0000000
[2,] 0.4036458
[3,] 0.1979167
[4,] 0.3984375
```

(2) 考虑阻尼因子的情况:

```
#增加函数: dProbabilityMatrix
#变换概率矩阵,考虑d的情况
dProbabilityMatrix<-function(G,d=0.85){
  cs <- colSums(G)
  cs[cs==0] <- 1
  n <- nrow(G)
  delta <- (1-d)/n         #区别于之前的变换概率矩阵函数
  A <- matrix(delta,nrow(G),ncol(G))
  for (i in 1:n) A[i,] <- A[i,] + d*G[i,]/cs
  A
}
pages<-read.table(file="C:\\Users\\Administrator\\Desktop\\page.csv",header=FALSE,sep=",")
names(pages)<-c("src","dist");pages
A<-adjacencyMatrix(pages);A
     [,1] [,2] [,3] [,4]
[1,]   0    0    0    0
[2,]   1    0    0    1
[3,]   1    1    0    0
[4,]   1    1    1    0
G<-dProbabilityMatrix(A);G
          [,1]     [,2]    [,3]    [,4]
[1,] 0.0375000  0.0375  0.0375  0.0375
[2,] 0.3208333  0.0375  0.0375  0.8875
[3,] 0.3208333  0.4625  0.0375  0.0375
[4,] 0.3208333  0.4625  0.8875  0.0375
q<-eigenMatrix(G,100);q
         [,1]
[1,] 0.0375000
```

```
[2,] 0.3738930
[3,] 0.2063759
[4,] 0.3822311
```

(3) 直接用 R 软件的特征值计算函数:

```
#增加函数：calcEigenMatrix
#直接计算矩阵特征值
calcEigenMatrix<-function(G){
  x <- Re(eigen(G)$vectors[,1])   #求矩阵G的特征值与特征向量
  x/sum(x)
}
pages<-read.table(file="C:\\Users\\Administrator\\Desktop\\page.csv",header=FALSE,sep=",")
names(pages)<-c("src","dist");pages
A<-adjacencyMatrix(pages);A
     [,1] [,2] [,3] [,4]
[1,]   0    0    0    0
[2,]   1    0    0    1
[3,]   1    1    0    0
[4,]   1    1    1    0
G<-dProbabilityMatrix(A);G
          [,1]      [,2]    [,3]    [,4]
[1,] 0.0375000  0.0375  0.0375  0.0375
[2,] 0.3208333  0.0375  0.0375  0.8875
[3,] 0.3208333  0.4625  0.0375  0.0375
[4,] 0.3208333  0.4625  0.8875  0.0375
q<-calcEigenMatrix(G);q
[1] 0.0375000 0.3732476 0.2067552 0.3824972
```

7.4 小　　结

1. PageRank 算法的主要优点

(1) 将互联网中的大多数网页通过基于链接来计算网页质量的方式进行排名,可为搜索引擎用户提供较好的基于链接查询的搜索结果。

(2) 能够进行离线分析处理,大大缩短了搜索引擎用户的服务响应时间。

2. PageRank 算法的主要缺点

(1) 该算法在初期一直都是基于链接分析的,而一个网页上的链接包含很多,如广告链接、功能链接、导航链接及多次重复的无效链接等,这些链接都会在该算法的 PageRank 值传递中进行计算,所以不能对网页降噪之后再进行处理。

(2) 由于基于链接分析,该算法计算出来的搜索结果往往会偏离实际的搜索主题。也就是说,该算法不能很好地基于主题查询,当进行查询时,会自动将计算出来的主题相

关页面链接到不相关页面。这就会导致该出现的重要页面没有出现,而不该出现的与主题不相关的页面却出现了。

(3)对新网页的歧视很严重。

参 考 文 献

[1]　S Brin, L Page. the anatomy of a large-scale hypertextual Web search engine[J]. Computer Networks and ISDN Systems, 1998(30).

[2]　L Page, S Brin, R Motwami, et al. the PageRank citation ranking:bringing order to the Web[R]. Technical Report 1999—0120, Computer Science Department, Stanford University, 1999.

[3]　X Li, B Liu, P S Yu. time sensitive ranking with application to publication search[C]. Conference on Data Mining, 2008.

[4]　A N Langville, C D Meyer. Google's PageRank and beyond: the science of search engine rankings[M]. Princeton University Press, 2006.

[5]　S Wasserman, K Raust. social network analysis[M]. Cambridge University Press, 1994.

第 8 章　AdaBoost 算法

8.1　算法简介

普通的机器学习方法试图从训练数据中产生一个训练模型。集成学习方法与此不同，它试图将几个弱学习器组合起来形成一个强的训练模型。其中，弱学习器是通过基础训练算法对训练数据进行训练所产生的，可以是决策树[1]、神经网络[2]或其他类型的机器学习算法，所以得到模型的泛化性能通常优于单一的学习器。相比于其他机器学习方法，集成学习方法能够提升弱学习器性能，最终得到的训练模型有非常高的预测精度。

AdaBoost 算法是最有影响力的集成学习方法。其前身 Boosting 算法[3]是由 Kearns 和 Valiant 于 1988 年提出的。Boosting 算法存在一个重要的缺陷，即要求弱学习器的误差范围需要提前已知，但是这在实际中通常是未知的。因此，Freund 和 Schapire 提出了一种自适应的 Boosting 算法，命名为 AdaBoost 算法[4]，该算法不需要这些难以获得的信息。AdaBoost 算法产生于理论，这引起了对整体方法的理论方面的机器学习和统计学的大量研究。值得一提的是，Freund 和 Schapire 在 2003 因 AdaBoost 算法而获得了 Godel 奖，这是理论计算机科学中最负盛名的奖项。由于 AdaBoost 算法具有坚实的理论基础、精确的预测且极为简便，AdaBoost 及其改进算法已被广泛应用于不同的领域，并取得了很多成就[5]。

8.2　算法基本原理

8.2.1　Boosting 算法

AdaBoost 算法是最有影响力的 Boosting 算法，因此从 Boosting 算法开始介绍，可能会更容易理解一些。处理二分类的问题时，通常将样本分为"正类"和"负类"。通常我们假设存在一个未知的训练模型，可以最大限度地将"正类"标签分配给满足其分类标准的样本，并且将"负类"标签分配给其他的样本。这个未知的训练模型实际上就是训练想要得到的东西。对于二分类问题，通过随机猜测的分类器将有 50%的 0/1 损失率。损失函数表达如下：

$$\text{loss}_{0/1}(h|x) = I[h(x) \neq y] \tag{8.1}$$

其中，$I[\cdot]$是判别函数，如果内部表达式为真，则输出 1，否则输出 0。在本章中，默认使用 0/1 损失函数。值得注意的是，其他损失函数也可用于 Boosting 算法。

现假设只有一个弱分类器 h_1。显然，h_1 不是我们想要的训练模型，因此将尝试改进 h_1。为了纠正由 h_1 的错误率，首先可以尝试从 D 衍生出一个新的分布 D'，D' 中 h_1 的错误率将会更高。例如，D' 更侧重于 h_1 中的错误分类样本。我们可以从 D' 中训练一个分

类器 h_2，h_2 也是弱分类器。由于 D' 是从 D 衍生出来的，如果 D' 满足一些条件，使得 h_2 在没有破坏 h_1 表现的情况下能得到比 h_1 更好的效果，那么可以通过适当的方式将 h_1 和 h_2 结合起来组合成一个新的训练器，能够实现比 h_1 更小的损失率。只要重复上述的过程，我们就能够得到一个在 D 中具有的非常小（理想值是零）的 0/1 损失率的结合分类器。图 8.1 所示为 Boosting 算法的一般程序。

```
输入：实例分布 D；
      初始学习算法 L；
      学习的循环次数 T
过程：
1. D₁=D                                    %初始分布
2. For t=1,…,T:
3.    Hₜ=L(Dₜ)                              %从分布 Dₜ 中训练弱学习器
4.    εₜ=Pr_{x~Dₜ,y}I[hₜ(x)≠y];              %度量 hₜ 的损失
5.    D_{t+1}=Adjust Distribution(Dₜ,εₜ)
6. End
输出：H(x)=Combine Outputs({hₜ(x)})
```

图 8.1 Boosting 算法流程图

简单地说，Boosting 算法的思想就是通过依次训练一组弱分类器并对它们进行结合来做预测，后来的分类器更多地聚焦在之前的分类器的错误率上。

8.2.2 AdaBoost 算法

图 8.1 所展示的并不是真正的算法，因为其中有调整分配和组合输出等未定的部分。AdaBoost 算法可以被视为一般 Boosting 算法的具体化，总结在图 8.2 中。

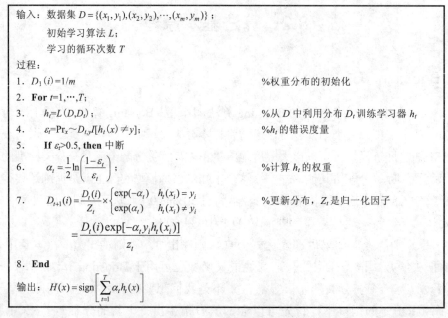

图 8.2 AdaBoost 算法

通过图 8.2 可以看出，AdaBoost 算法生成了一系列弱分类器，并且将它们与权重结合起来。AdaBoost 的强分类器为加权组合的形式

$$H(x) = \sum_{t=1}^{T} \alpha_t h_t(x) \tag{8.2}$$

Adaboost 算法的思想实际上就是解决两个问题，即如何生成 h_t 和如何确定适当的权重 α。我们尝试将指数损失最小化，即

$$\text{loss}_{\exp}(h) = E_{x \sim D, y}[\mathrm{e}^{-yh(x)}] \tag{8.3}$$

其中，$yh(x)$ 称为假设的分类边界。考虑 Boosting 算法中的一个循环。假设有一组假设及它的权重是已知的，令 H 表示组合假设。现在，产生了另一个假设 h 并将其与 H 组合形成 $H + \alpha h$。组合后的指数损失表示为

$$\text{loss}_{\exp}(H + \alpha h) = E_{x \sim D, y}\{\mathrm{e}^{-y[H(X) + \alpha h(x)]}\} \tag{8.4}$$

这个指数损失可以分解到每个实例上，称为逐点损失，即

$$\text{loss}_{\exp}(H + \alpha h | x) = E_y\{\mathrm{e}^{-y[H(X) + \alpha h(x)]} | x\} \tag{8.5}$$

由于 y 和 $h(x)$ 必须为 +1 或 -1，我们可以将期望展开为

$$\text{loss}_{\exp}(H + \alpha h | x) = \mathrm{e}^{-yH(X)}[\mathrm{e}^{-\alpha} p(y = h(x)|x) + \mathrm{e}^{\alpha} p(y \neq h(x)|x)] \tag{8.6}$$

假设我们已经生成了 h，当指数损失率的导数等于零时，可以得到最小化的损失的权重 α，有

$$\frac{\partial \text{loss}_{\exp}(H + \alpha h | x)}{\partial \alpha} = \mathrm{e}^{-yH(X)}\{-\mathrm{e}^{-\alpha} p[y = h(x)|x] + \mathrm{e}^{\alpha} p[y \neq h(x)|x]\} = 0 \tag{8.7}$$

计算 α 的方法为

$$\alpha = \frac{1}{2} \ln \frac{p[y = h(x)|x]}{p[y \neq h(x)|x]} = \frac{1}{2} \ln \frac{1 - p[y \neq h(x)|x]}{p[y \neq h(x)|x]} \tag{8.8}$$

通过求 x 的期望值，即

$$\frac{\partial \text{loss}_{\exp}(H + \alpha h)}{\partial \alpha} = 0 \tag{8.9}$$

且令 $\varepsilon = E_{x \sim D}[y \neq h(x)]$，得到

$$\alpha = \frac{1}{2} \ln \frac{1 - \varepsilon}{\varepsilon} \tag{8.10}$$

这样就可以确定 AdaBoost 算法中的 α。

接下来，我们考虑如何得到 h。给定一个基学习算法，AdaBoost 算法从特定的样本分布来产生一个假设。所以，我们只需要考虑下一个循环需要什么假设，然后产生一个样本分布来实现这个假设即可。

设定 $\alpha=1$ 时，我们可以将逐点损失扩大到关于 $h(x)=0$ 的二阶上，即

$$\begin{aligned}\text{loss}_{\exp}(H+h|x) &\approx E_y\{e^{-yH(X)}[1-yh(x)+y^2h(x)^2/2]|x\} \\ &= E_y\{e^{-yH(X)}[1-yh(x)+1/2]|x\}\end{aligned} \quad (8.11)$$

因为 $y^2=1$ 且 $h(x)^2=1$，所以一个最佳的假设就是

$$\begin{aligned}h^*(x) &= \arg\min_h[\text{loss}_{\exp}(H+h|x)] = \arg\max_h\{E_y[e^{-yH(x)}yh(x)|x]\} \\ &= \arg\max_h[e^{-H(x)}p(y=1|x)\cdot 1\cdot h(x)+e^{H(x)}p(y=-1|x)\cdot(-1)\cdot h(x)]\end{aligned} \quad (8.12)$$

注意，$e^{-yH(x)}$ 是 $h(x)$ 的一个常数。将期望归一化为

$$h^*(x) = \arg\min_h\left[\frac{e^{-H(x)}p(y=1|x)\cdot 1\cdot h(x)+e^{H(x)}p(y=-1|x)\cdot(-1)\cdot h(x)}{e^{-H(x)}p(y=1|x)+e^{H(x)}p(y=-1|x)}\right] \quad (8.13)$$

我们可以使用 $w(x,y)$ 来重新定义期望值，它是从 $e^{-H(x)}p(y-1|x)$ 中抽出的：

$$h^*(x) = \arg\max_h\{E_{w(x,y)\sim e^{-yH(x)}p(y|x)}[yh(x)|x]\} \quad (8.14)$$

由于 $h^*(x)$ 必须为 $+1$ 或 -1，所以优化的解是将 $h^*(x)$ 与 $y|x$ 保留相同的符号，即

$$\begin{aligned}h^*(x) &= E_{w(x,y)\sim e^{-yH(x)}p(y|x)}[yh(x)|x] \\ &= p_{w(x,y)\sim e^{-yH(x)}p(y|x)}(y=1|x) - p_{w(x,y)\sim e^{-yH(x)}p(y|x)}(y=-1|x)\end{aligned} \quad (8.15)$$

可以看出，$h^*(x)$ 在 $e^{-yH(x)}P(x|y)$ 分布下得到了 x 的最优分类。因此，$e^{-yH(x)}P(x|y)$ 是由最小化 0/1 损失得到的分布。所以，当假设 $h(x)$ 被训练得到并且在本轮循环中确定 $\alpha = \frac{1}{2}\ln\frac{1-\varepsilon}{\varepsilon}$ 之后，下一轮循环的分配应为

$$D_{t+1}(x) = e^{-y(H(X)+\alpha h(x))}p(y|x) = e^{-yH(x)}p(y|x)e^{-\alpha yh(x)} = D_t(x)e^{-\alpha yh(x)} \quad (8.16)$$

这是 AdaBoost 算法中更新样本分布的方法。但是，为什么优化指数损失可以最大限度地减小 0/1 损失呢？其实，我们可以看到

$$h^*(x) = \arg\min_h\left\{E_{x\sim D,y}[e^{-yh(x)}|x] = \frac{1}{2}\ln\frac{p(y=1|x)}{p(y=-1|x)}\right\} \quad (8.17)$$

因此得到

$$\text{sign}[h^*(x)] = \arg\max_y[p(y|x)] \quad (8.18)$$

这意味着对于分类问题，指数损失的最优解实现了贝叶斯错误最小。此外，我们可以看到，最小化指数损失的函数 $h^*(x)$ 是逻辑回归模型再乘以 2。如果忽略因子 1/2，那么 AdaBoost 算法也可以看作是逻辑回归模型。值得注意的是，数据的分布在实际中是未知的，而 AdaBoost 算法需要在给定训练样本的训练集上进行。因此，所有在上述推导中

得到的期望都是针对训练样本的,而且也给训练样本加了权重。对于不能处理加权的训练样本的弱分类器,可以使用根据样本所需的权重来确定训练样本的采样机制。

8.2.3 算法过程实例

我们首先通过人工数据集来演示 AdaBoost 算法的工作原理。考虑在二维空间中的虚拟数据集,如图 8.3(a) 所示,只有 4 个示例,即

$$\begin{cases}(x_1=(0,+1), y_1=+1)\\(x_2=(0,-1), y_2=+1)\\(x_3=(+1,0), y_3=-1)\\(x_4=(-1,0), y_4=-1)\end{cases}$$

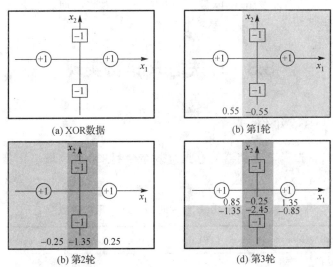

图 8.3 Adaboost 算法解的异或问题

这两个类(x 和 y)不能由一个对应于图上的线的线性分类器来划分。假设选择包括以下最优的 8 个函数的基础学习算法:

$$h_1(x)=\begin{cases}+1, & (x_1>-0.5)\\-1, & \text{其他}\end{cases} \quad h_2(x)=\begin{cases}-1, & (x_1>-0.5)\\+1, & \text{其他}\end{cases}$$

$$h_3(x)=\begin{cases}+1, & (x_1>+0.5)\\-1, & \text{其他}\end{cases} \quad h_4(x)=\begin{cases}-1, & (x_1>+0.5)\\+1, & \text{其他}\end{cases}$$

$$h_5(x)=\begin{cases}+1, & (x_2>-0.5)\\-1, & \text{其他}\end{cases} \quad h_6(x)=\begin{cases}-1, & (x_2>-0.5)\\+1, & \text{其他}\end{cases}$$

$$h_7(x)=\begin{cases}+1, & (x_2>+0.5)\\-1, & \text{其他}\end{cases} \quad h_8(x)=\begin{cases}-1, & (x_2>+0.5)\\+1, & \text{其他}\end{cases}$$

对于同等优秀的函数,基础学习算法将从中随机挑选一个。用一条直线无法将两个类分开,这便产生了异或问题。

其中，x_1 和 x_2 分别是第 1 和第 2 维的 x 的值。AdaBoost 算法的原理如下。

(1)在原始数据集中调用基础学习算法。h_2、h_3、h_5 和 h_8 都有 0.25 的分类误差。假设 h_2 是第 1 个基础学习器。某个示例 x_1 是错误的分类，所以误差是 0.25。h_2 的权重为 $0.5\ln 3 \approx 0.55$。图 8.3(b)将分类形象地展示出来，阴影区域被分类成负面类(−1)及它的分类权重 0.55 和−0.55。

(2)增加 x_1 的权重并再次调用基础学习算法。这次 h_3、h_5 和 h_8 有相同的错误。假设选择 h_3，其权重为 0.80。图 8.3(c)展示了 h_2、h_3 与它们的权重的组合分类，其中不同的灰度级别用于根据分类的权重来区分负面区域。

(3)增加 x_3 的权重，此时只有 h_5 和 h_8 具有同样的最小的误差。假设选择 h_5，其权重为 1.10。图 8.3(d)展示了 h_2、h_3 和 h_8 的组合分类。如果在图 8.3(d)中看到每个区域的分类权重的标志，那么所有示例都可以被正确地分类。因此，通过组合不完美的线性分类器，AdaBoost 算法产生了一个零误差的非线性分类器。

8.3 算法的 R 语言实现

8.3.1 boosting 函数介绍

AdaBoost 算法将很多个分类器的意见有效结合起来，通过最小化总成本求得新添加分类器的权值。bossting 函数参数见表 8.1。

表 8.1 adabag 包中的 boosting 函数参数

函数 参数	boosting(formula, data, boos = TRUE, mfinal = 100, coeflearn = 'Breiman', control)
formula	算法模型，如 LM
data	名为 formula，一个数据框
boos	如果为 TRUE(默认情况下)，则训练集样本被绘制为每个观测值的权重迭代
mfinal	迭代数
coeflearn	默认情况下，alpha=1/2ln[(1−err)/err]时使用
control	rpart 算法参数，请参阅 rpart.control

8.3.2 R 语言实例

步骤 1，数据集准备：

```
url='http://archive.ics.uci.edu/ml/machine-learning-databases/wine-quality/winequality-red.csv'
data<-read.csv(url,sep=";",header=T)
library(adabag)
head(data)
attach(data)
data$quality <- factor(data$quality, levels = c('3', '4', '5','6','7','8'), labels = c('A', 'B', 'C','D','E','F'))
```

步骤2，准备参数，建立模型：

```
l <- length(data[,1])
sub <- sample(1:l,2*l/3)
mfinal <- 100
maxdepth <- 5
data.adaboost <- boosting(quality ~.,data=data[sub, ],mfinal=mfinal,coeflearn="Zhu",
    control=rpart.control(maxdepth=maxdepth)) #以quality为label建立模型
```

步骤3，模型预测：

```
data.adaboost.pred <- predict.boosting(data.adaboost,newdata=data[-sub, ])
data.adaboost.pred$confusion    #混淆矩阵
data.adaboost.pred$error        #错误率
```

步骤4，预测模型的比较：

```
errorevol(data.adaboost,newdata=data[sub, ])->evol.train
errorevol(data.adaboost,newdata=data[-sub, ])->evol.test
plot.errorevol(evol.test,evol.train)
```

预测模型的混淆矩阵的结果，整理后见表8.2。由训练集与测试集的预测错误率可绘出如图8.4所示的误差折线图。

表8.2 预测模型的混淆矩阵

pred	A	B	C	D	E	F
B	3	1	5	1	0	0
C	2	12	154	72	8	0
D	1	4	60	109	20	1
E	0	0	4	32	38	3
F	0	0	1	1	0	1

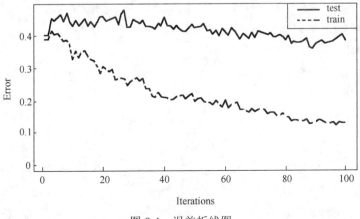

图8.4 误差折线图

由图 8.4 可知，训练集(train)的预测精度高于测试集(test)，而且随着迭代次数的增加，精度越来越高。

8.4 小　　结

1．AdaBoost 算法的主要优点

(1)很好地利用了弱分类器进行组合。

(2)可以将不同的分类算法作为弱分类器。

(3)具有很高的精度。

2．Adaboost 算法的主要缺点

(1)AdaBoost 弱分类器数目不太好设定，可以使用交叉验证进行确定。

(2)数据不平衡导致分类精度下降。

(3)训练比较耗时，每次都需要重新选择当前分类器的最佳切分点。

3．Adaboost 算法的未来研究与发展方向

(1)人脸识别。当今互联网、电子设备大量普及，因此可以利用 AdaBoost 算法从网络上大量的图片或录像中识别出有人脸的图像，精度高时可以筛选出某个人的头像。传统照相机和手机摄像头都会拥有人脸识别功能。

(2)手写识别。对于使用多层前向神经网络的弱分类器，有 AdaBoost 算法的神经网络识别能力更强，不仅可以极大地降低手写识别的错误率，还能够识别不同风格的字体，这将是未来的一个重要研究方向。

参 考 文 献

[1] Freund Y, Mason L. the alternating decision tree learning algorithm[C]. Machine Learning: Sixteenth International Conference, 1999:124-133.

[2] Simon H. neural network: a comprehensive foundation[M]. Prentice Hall PTR, 1994:71-80.

[3] Ehrenfeucht A, Haussler D, Kearns M, et al. a general lower bound on the number of examples needed for learning[C]. The Workshop on Computational Learning Theory, Morgan Kaufmann Publishers Inc., 1988:139-154.

[4] Freund Y, Schapire R E. a desicion-theoretic generalization of on-line learning and an application to boosting [J]. Journal of Computer & System Sciences, 1997, 13(5):663-671.

[5] 曹莹，苗启广，刘家辰，等. AdaBoost 算法研究进展与展望[J]. 自动化学报, 2013, 39(6):745-758.

第 9 章　kNN 算法

9.1 算法简介

Rote 分类器是最简单的分类器之一，其记录整个训练数据，并且仅当测试对象的属性与训练对象的属性完全匹配时才能进行分类。这种方法有一个明显问题：许多测试记录不会被分类，因为它们不完全匹配。当两个或多个训练记录具有相同的属性但类别标签不同时，会出现新的问题。

邻近算法，或者说 k 最近邻(k-Nearest Neighbor，kNN)分类算法是数据挖掘分类技术中非常简单的方法之一。所谓 k 最近邻，就是 k 个最近的邻居的意思，是指每个样本都可以用最接近它的 k 个邻居来代表[1-3]。

kNN 算法是易于理解和实现的分类技术，且在许多情况下表现良好。Cover 和 Hart 的一个研究结果表明，在某些合理的假设条件下，最邻近规则的分类误差高于最优贝叶斯误差的两倍[4]。

另外，由于它的简单性，kNN 算法易于处理复杂的分类问题。例如，kNN 算法特别适用于多模式类及对象拥有多类别标签的情况。一些研究人员发现，基于微阵列表达谱的基因功能分配，kNN 优于支持向量机(SVM)方法[5]。

随着其他技术的不断更新和完善，kNN 算法因其提出时间较早，诸多不足之处也逐渐显露，因此许多 kNN 算法的改进算法也应运而生。算法的改进方向主要有分类效率和分类效果两方面。

(1) 分类效率：事先对样本属性进行约简，删除对分类结果影响较小的属性，快速得出待分类样本的类别。该算法比较适用于样本容量较大的类域的自动分类，而那些样本容量较小的类域采用这种算法时比较容易产生误分。

(2) 分类效果：采用权值的方法(与该样本距离小的邻居权值大)来改进。Han 等人于 2002 年尝试利用贪心法，针对文件分类提出了可调整权重的 k 最近邻法，即 WAkNN (Weighted Adjusted k Nearest Neighbor)算法，以改善分类效果；而 Li 等人于 2004 年提出由于不同分类的文件本身数量上有差异，因此也应依照训练集中各种分类的文件数量选取不同数目的最近邻居来参与分类。

9.2 算法基本原理

9.2.1 算法描述

kNN 算法的核心思想是：如果一个样本在特征空间中的 k 个最相邻的样本中的大多

数属于某个类别,则该样本也属于这个类别,并具有这个类别样本的特性。该方法只依据最邻近的一个或几个样本的类别来决定待分类样本所属的类别。kNN 算法在类别决策时,只与极少量的相邻样本有关。由于 kNN 算法主要靠周围有限的邻近的样本,而不是靠判别类域的方法来确定样本所属类别,因此对于类域交叉或重叠较多的待分类样本集来说,较其他方法更为适合。kNN 算法解决了在许多数据集中,一个对象不可能与另一个对象完全匹配的问题。这种方法有以下几个关键要素。

(1) 用于评估测试对象的类别标记集合。
(2) 可用于计算对象接近度的距离(或相似度)。
(3) k 的值,最邻近样本的数量。
(4) 基于 k 个最邻近的类和距离来确定目标对象的类别。

在其最简单的形式中,kNN 算法可以包括将对象分配给其最邻近的类或其最邻近的多数类。更一般地说,kNN 算法是基于实例学习的特殊情况,包括基于实例的推理,它可以处理符号数据。kNN 算法也是一种懒惰学习的例子。

表 9.1 给出了 kNN 算法的基本算法。给定作为属性值的训练集 D 和具有未知类别标签的测试对象 z,该算法计算 z 与所有训练对象之间的距离(或相似度),以确定其最邻近列表,然后通过获取大多数相邻对象的类来确定 z 的类别。

表 9.1 kNN 算法的基本算法

```
输入:训练集 D、测试集 z,L 为标签集
输出:c_z ∈ L, the class of z
for each object  y ∈ D  do
  计算 z 与 y 间的距离 d(z,y)
end
选择 N ⊆ D,D 为最邻近 z 的 k 个训练目标组成的集合
c_z = argmax_{v∈L} ∑_{y∈N} I[v = class(c_y)];
这里,I(·) 是一个指示函数,当讨论为真时,函数值为 1,否则函数值为 0。
```

算法的存储复杂度为 $O(n)$,其中 n 为训练对象的数量。时间复杂度也是 $O(n)$,因为距离需要在目标和每个训练对象之间计算。因此,kNN 算法与大多数其他分类技术不同,其分类步骤非常简单。

影响 kNN 算法性能的关键问题之一是 k 的选择。图 9.1 显示了一个未标记的测试对象 x 和属于"+"或"-"类的训练对象。如果 k 太小,则结果可能对噪声点敏感;如果 k 太大,则该邻域可能包含太多其他类别的点。通过交叉验证可以获得 k 的最优值估计。

另一个问题是组合类别标签的方法,最简单的方法是多数投票。但是,如果最邻近的点在距离上差异很大,而邻近的点能更可靠地指出对象的类别,那么如何确定对象的类别将是一个问题。改进方法是通过其距离对每个对象的投票都进行加权。例如,权重因子通常被认为是距离平方的倒数 $w_i = 1/d^2(y,z)$。

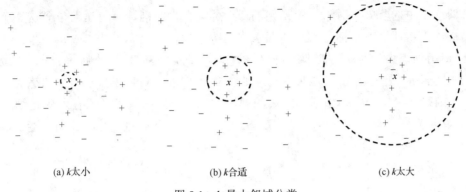

(a) k太小　　　　　　(b) k合适　　　　　　(c) k太大

图9.1　k-最小邻域分类

距离加权投票为

$$c_z = \arg\max_{v \in L} \sum_{y \in N} w_i I[v = \text{class}(c_y)] \tag{9.1}$$

距离测量的选择是一个重要问题，通常使用欧几里得或曼哈顿距离公式。对于两个点 x 和 y，具有 n 个属性，这些距离由以下公式给出。

欧几里得距离：
$$d(x,y) = \sqrt{\sum_{k=1}^{n}(x_k - y_k)^2} \tag{9.2}$$

曼哈顿距离：
$$d(x,y) = \sqrt{\sum_{k=1}^{n}|x_k - y_k|} \tag{9.3}$$

其中，x_k 和 y_k 分别是 x 和 y 的第 k 个属性(分量)。

虽然各种公式可以用于计算两点之间的距离，但在概念上，最理想的距离度量是两个对象之间较小距离意味着具有相同类别的可能性较大。例如，如果将kNN算法应用于文档分类，则可以使用余弦测量而不是欧几里得距离。只要可以定义适当的距离度量，kNN算法就可以用于具有混合分类的数值属性数据。

一些距离公式也可能受到高维度数据的影响，如随着属性数量的增加，欧几里得距离度量变得较小。此外，属性可能必须进行缩放，以防止距离度量被其中一个属性主导。例如，考虑一个人的身高从1.5m到1.8m，一个人的体重从45kg到150kg，一个人的收入从1万美元到100万美元等的数据集。如果使用距离测量而不缩放，则收入属性将主导距离的计算，从而分配类别标签。

9.2.2　算法流程

kNN算法主要包括以下步骤。
(1)准备数据，对数据进行预处理。
(2)选用合适的数据结构存储训练集和测试集。
(3)设定参数，如 k。
(4)建立一个大小为 k 的、按距离由大到小的优先级队列，用于存储最近邻训练集。

随机从训练集中选取 k 个对象作为初始的最近邻集合，分别计算测试对象到这 k 个训练对象的距离，将训练对象标号和距离存入优先级队列。

(5)遍历训练集，计算当前训练对象与测试对象的距离，将所得距离 l 与优先级队列中的最大距离 l_{max} 进行比较。若 $l \geq l_{max}$，则舍弃该训练对象，遍历下一个训练对象；若 $l < l_{max}$，则删除优先级队列中最大距离的训练对象，将当前训练对象存入优先级队列。

(6)遍历完毕，计算优先级队列中 k 个训练对象的多数类别，并将其作为测试对象的类别。

(7)测试集测试完毕后计算误差率，继续设定不同的 k 值重新进行训练，最后取误差率最小的 k 值。

9.3 算法的 R 语言实现

9.3.1 knn 函数介绍

kNN 算法是每个样本都可以用它最接近的 k 个邻居来代表其类别的数据挖掘技术。其主要函数参数见表 9.2。

表 9.2 class 包中的 knn 函数参数

参数 \ 函数	knn(train,test,class,k)
train	一个包含数值型训练数据的数据框
test	一个包含数值型测试数据的数据框
class	包含训练数据每行分类的一个因子向量
k	标识最邻近对象数目的一个整数

9.3.2 利用 class 包中的 knn 函数建立模型

步骤 1，加载 class 包：

```
library(class)
```

步骤 2，Iris 数据集分为训练集和测试集：

```
train <- rbind(iris3[1:25,,1], iris3[1:25,,2], iris3[1:25,,3])
test <- rbind(iris3[26:50,,1], iris3[26:50,,2], iris3[26:50,,3])
```

步骤 3，建立 3 个因子：

```
cl <- factor(c(rep("s",25), rep("c",25), rep("v",25)))
```

步骤 4，建立 kNN 模型：

```
Model<-knn(train, test, cl, k = 3, prob=TRUE)
```

步骤 5，输出分类结果：

```
attributes(.Last.value)
```

结果显示：

```
$levels
[1] "c" "s" "v"
$class
[1] "factor"
$prob
 [1] 1.0000000 1.0000000 1.0000000 1.0000000 1.0000000 1.0000000 1.0000000 1.0000000
 [9] 1.0000000 1.0000000 1.0000000 1.0000000 1.0000000 1.0000000 1.0000000 1.0000000
[17] 1.0000000 1.0000000 1.0000000 1.0000000 1.0000000 1.0000000 1.0000000 1.0000000
[25] 1.0000000 1.0000000 1.0000000 0.6666667 1.0000000 1.0000000 1.0000000 1.0000000
[33] 1.0000000 0.6666667 1.0000000 1.0000000 1.0000000 1.0000000 1.0000000 1.0000000
[41] 1.0000000 1.0000000 1.0000000 1.0000000 1.0000000 1.0000000 1.0000000 1.0000000
[49] 1.0000000 1.0000000 1.0000000 0.6666667 0.7500000 1.0000000 1.0000000 1.0000000
[57] 1.0000000 1.0000000 0.5000000 1.0000000 1.0000000 1.0000000 1.0000000 0.6666667
[65] 1.0000000 1.0000000 1.0000000 1.0000000 1.0000000 1.0000000 1.0000000 0.6666667
[73] 1.0000000 1.0000000 0.6666667
```

9.3.3 kNN 算法应用于 Iris 数据集

Iris 数据集是常用的分类实验数据集，我们在 6.3.5 节已经介绍过。

R 语言代码如下：

```r
# 选择 Iris 数据集为例，Iris 共有 150 条数据
head(iris)
# 对 Iris 进行归一化处理，scale 归一化的公式为(x-mean(x))/sqrt(var(x))
iris_s <- data.frame(scale(iris[, 1:4]))
iris_s <- cbind(iris_s, iris[, 5])
names(iris_s)[5] = "Species"
# 对 Iris 数据集随机选择其中的 100 条数据作为已知分类的样本集
sample.list <- sample(1:150, size = 100)
iris.known <- iris_s[sample.list, ]
# 剩余 50 条数据作为未知分类的样本集(测试集)
iris.unknown <- iris_s[-sample.list, ]
# 对测试集中的每个样本计算其与已知样本的距离。因为已经归一化，此处直接使用欧氏距离
length.known <- nrow(iris.known)
length.unknown <- nrow(iris.unknown)
for (i in 1:length.unknown) {
  # dis 记录与每个已知类别样本的距离及样本的类别
  dis_to_known <- data.frame(dis = rep(0, length.known))
  for (j in 1:length.known) {
    # 计算距离
```

```
            dis_to_known[j,1]<-dist(rbind(iris.unknown[i,1:4],iris.known[j,1:4]),
method = "euclidean")
            # 保存已知样本的类别
            dis_to_known[j, 2] <- iris.known[j, 5]
            names(dis_to_known)[2] = "Species"
    }
    # 按距离从小到大排序
    dis_to_known <- dis_to_known[order(dis_to_known$dis), ]
    # kNN 算法中的 k 定义了最邻近的 k 个已知数据的样本
    k <- 5
    # 按因子进行计数
    type_freq <- as.data.frame(table(dis_to_known[1:k, ]$Species))
    # 按计数值进行排序
    type_freq <- type_freq[order(-type_freq$Freq), ]
    # 记录频数最大的类型
        iris.unknown[i, 6] <- type_freq[1, 1]
}
names(iris.unknown)[6] = "Species.pre"
# 输出分类结果
iris.unknown[, 5:6]
```

结果显示:

	Species	Species.pre
2	setosa	setosa
7	setosa	setosa
10	setosa	setosa
11	setosa	setosa
16	setosa	setosa
17	setosa	setosa
25	setosa	setosa
26	setosa	setosa
28	setosa	setosa
29	setosa	setosa
30	setosa	setosa
31	setosa	setosa
32	setosa	setosa
35	setosa	setosa
36	setosa	setosa
38	setosa	setosa
50	setosa	setosa
51	versicolor	versicolor
52	versicolor	versicolor
53	versicolor	versicolor

54	versicolor	versicolor
55	versicolor	versicolor
58	versicolor	versicolor
65	versicolor	versicolor
66	versicolor	versicolor
70	versicolor	versicolor
72	versicolor	versicolor
74	versicolor	versicolor
76	versicolor	versicolor
81	versicolor	versicolor
82	versicolor	versicolor
89	versicolor	versicolor
90	versicolor	versicolor
96	versicolor	versicolor
97	versicolor	versicolor
100	versicolor	versicolor
103	virginica	virginica
106	virginica	virginica
107	virginica	versicolor
110	virginica	virginica
119	virginica	virginica
126	virginica	virginica
129	virginica	virginica
133	virginica	virginica
137	virginica	virginica
138	virginica	virginica
141	virginica	virginica
143	virginica	virginica
146	virginica	virginica
147	virginica	virginica

9.3.4 kNN 算法应用于 Breast 数据集

Breast 数据集即威斯康星的乳腺癌诊断数据。代码如下：

```
#数据准备
dir <-
'http://archive.ics.uci.edu/ml/machine-learning-databases/breast-cancer-wisconsin/wdbc.data'
wdbc.data <- read.csv(dir,header = F)
names(wdbc.data) <-
c('ID','Diagnosis','radius_mean','texture_mean','perimeter_mean','area_mean','smoothness_mean','compactness_mean','concavity_mean','concave points_mean','symmetry_mean','fractal dimension_mean','radius_sd','texture_sd','perimeter_sd','area_sd','smoothness_sd','compactness_sd','concavity_
```

```r
sd','concavepoints_sd','symmetry_sd','fractaldimension_sd','radius_max_me
an','texture_max_mean','perimeter_max_mean','area_max_mean','smoothness_m
ax_mean','compactness_max_mean','concavity_max_mean','concave points_max_
mean','symmetry_max_mean','fractal dimension_max_mean')
table(wdbc.data$Diagnosis)
# M = malignant, B = benign
# 将目标属性编码为因子类型
wdbc.data$Diagnosis<-factor(wdbc.data$Diagnosis,levels=c('B','M'),
labels = c(B = 'benign',M = 'malignant'))
wdbc.data$Diagnosis
table(wdbc.data$Diagnosis)
prop.table(table(wdbc.data$Diagnosis))*100
# prop.table():计算 table 各列的占比
round(prop.table(table(wdbc.data$Diagnosis))*100,digit =2)
# 保留小数点后两位，round(): digit =2
str(wdbc.data)
#数值型数据标准化
# min-max 标准化:(x-min)/(max-min)
normalize <- function(x) { return ((x-min(x))/(max(x)-min(x))) }
normalize(c(1, 3, 5))
#测试函数有效性
wdbc.data.min_max <- as.data.frame(lapply(wdbc.data[3:length(wdbc.data)],
normalize))
wdbc.data.min_max$Diagnosis <- wdbc.data$Diagnosis
str(wdbc.data.min_max)
#划分 train&test
# train
set.seed(3)                                  # 设立随机种子
train_id <- sample(1:length(wdbc.data.min_max$area_max_mean), length
(wdbc.data.min_max$area_max_mean)*0.7)
train <- wdbc.data.min_max[train_id,]        # 70%训练集
summary(train)
train_labels <- train$Diagnosis
train <- wdbc.data.min_max[train_id, - length(wdbc.data.min_max)]
summary(train)
# test
test <- wdbc.data.min_max[-train_id,]
test_labels <- test$Diagnosis
test <- wdbc.data.min_max[-train_id,-length(wdbc.data.min_max)]
summary(test)
#kNN 分类(欧氏距离)
library(class)
test_pre_labels <- knn(train,test,train_labels,k=7)
```

```
#数据框，k个近邻投票、欧氏距离
#性能评估
library(gmodels)
CrossTable(x = test_labels, y = test_pre_labels,prop.chisq = F)
```

结果显示：

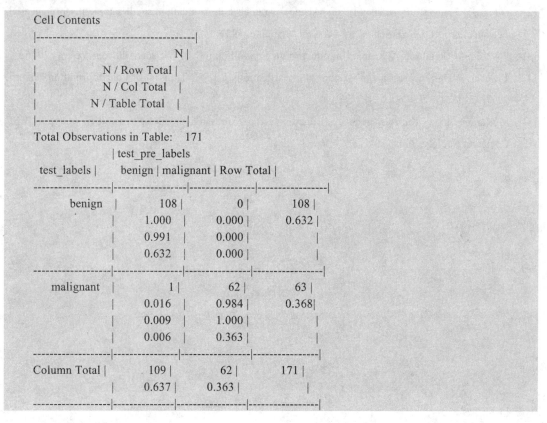

9.4 小 结

1. kNN算法的主要优点

(1)简单好用，容易理解，精度高，理论成熟，既可以用于分类，也可以用于回归。

(2)可用于数值型数据和离散型数据。

(3)训练时间复杂度为$O(n)$。

(4)对异常值不敏感。

2. kNN算法的主要缺点

(1)计算复杂度高，空间复杂度高。

(2)样本不平衡情况(有些类别的样本数很多，而其他类别样本数很少)下误差较大。

(3)一般数值很大时计算量太大，但是单个样本又不能太少，否则容易发生误分类。

(4)无法给出数据的内在含义。

参 考 文 献

[1] E Fix, J J Hodges. discriminatory analysis:non-parametric discrimination:Consistency properties[R]. Technical report, USAF School of Aviation Medicine, 1951.

[2] E Fix, J J Hodges. discriminatory analysis:non-parametric discrimination:small sample performance[R]. Technical report, USAF School of Aviation Medicine, 1952.

[3] P N Tan, M Steinbach, V Kumar. introduction to data minining[M]. Pearson Addison-Wesley, 2006.

[4] T Cover, P Hart. nearest neighbor pattern classification[J]. IEEE Transactions on Information Theory, 1967, 13(1):21-27.

[5] M Kuramochi, G Karypis. gene classification using expression profiles:a feasibility study[J]. IEEE Computer Society, 2001: 191.

第 10 章 Naive Bayes 算法

10.1 算法简介

对于给定的一组对象集合,每个对象都有一个已知的向量表示并且属于一个已知的类别。我们的目的是构建一个规则,使得对不知类别的已知向量,该规则能为其确定类别。这种普遍存在的问题被称为有监督分类问题,并且许多构建这种规则的方法已经被开发出来。其中一个非常重要的方法是朴素贝叶斯(Naive Beyes)算法,也称傻瓜贝叶斯算法或独立贝叶斯算法。这个算法很受重视,其原因在于:第一,它非常容易构造,模型参数的估计不需要任何复杂的迭代求解方案,因此适用于规模巨大的数据集;第二,它很容易解释,因此即便不熟悉分类技术的用户也可以理解为什么它会如此运行;第三,尤其重要的是,它的分类效果非常好,在任何给定的情况下,它即便不是最好的分类方法,通常也是非常稳健的。例如,在比较监督分类方法的早期经典研究中,Titterington(1981)[1]发现这个独立模式产生了最好的整体结果;而 Mani (1997)[2]发现该模型预测乳腺癌复发最为有效。此后,Hand 和 Yu(2001)[3]基于很多报告案例报告了朴素贝叶斯算法令人惊讶的良好效果,Dominggos 和 Pazzani(1997)[4]在一些深入的实证比较中也得到了类似的结论。当然,也有一些研究显示这种算法的性能相对较差,可参见 Jamain 和 Hand(2008)[5]。

为方便起见,本章主要介绍只包含两个类别的案例。事实上,很多时候重要的事务都是分为两类的(对/错、是/否、好/坏、存在/不存在等)。但是,朴素贝叶斯算法适用于多个类别。

将类别标记为 $i = 0、1$,我们的目标是使用类别已知的初始对象来构造一个打分器,使得获得较大分值的对象同类别 1 关联,而获得较小分值的对象同类别 0 关联。打分器对新对象会给出其分值,将该对象的得分同某个预定的"分类阈域"进行比较即可实现分类,得分大于阈值的新对象将被分类到类别 1 中,而分数小于阈值的新对象将被分类到类别 0 中。

监督分类有两种基本范式,分别称为诊断范式和抽样范式。诊断范式关注类别之间的差异,即区分两个类别;而抽样范式则集中关注两个类别的个体分布的不同,通过对个体分布的比较间接实现对类别的比较。

10.2 算法基本原理

10.2.1 基础理论

本节将基于抽样范式来叙述朴素贝叶斯模型。首先给出一些量的定义:$p(i|x)$ 表示

一个测量向量为 $x=(x_1,\cdots,x_p)$ 的对象属于类别 i 的概率；$f(x|i)$ 表示 x 关于类别 i 的条件分布；$p(i)$ 表示不知道自身任何信息的情况下该对象属于类别 i 的概率（类别 i 的先验概率）。$f(x)$ 表示两个类别的整体混合分布，即

$$f(x) = f(x|0)p(0) + f(x|1)p(1) \tag{10.1}$$

显然，如果对 $p(i|x)$ 的估计能得到一个合适的分数，那么可以将之用于分类规则。此外，我们还需要一个合适的分类阈值，这样就可以完成分类了。例如，最常使用的阈值是 1/2。为了处理一些不同类型的分类错误，有时还需要使用一些更加复杂的阈值选择方法。

根据贝叶斯定理，立即可以得到 $p(i|x) = f(x|i)p(i)/f(x)$，只要能估计出每个 $p(i)$ 和每个 $f(x|i)$ 的值，就可以得到 $p(i|x)$ 的估计。

如果训练集是从 $f(x)$ 中抽取的简单随机样本，那么根据属于类别 i 的对象在训练集里的比例就能直接估计出 $p(i)$。但有时候，获得训练集的方法比较复杂。例如，某些问题中类别不均衡，一个类别比另一个大很多（在信用卡欺诈检查任务中，只有千万分之一的交易存在欺诈；在罕见疾病检查等任务中，该比例甚至更极端）。这种情况下，通常需要对类别进行欠采样，比如仅将大类的十分之一或百分之一的可用数据放到训练集中。这样，就有必要对直接观测到的训练集里类别的比例进行加权，来矫正 $p(i)$ 的估计值。通常，如果不是用简单随机样本获得观测，就需要仔细研究如何获得 $p(i)$ 的最佳估计。

朴素贝叶斯算法的核心在于对 $f(x|i)$ 的估计。朴素贝叶斯算法假设对于每个类别，x 的分量都是独立的，所以有 $f(x|i) = \prod_{j=1}^{p} f(x_j|i)$。正是这个原因，该算法也被称为独立贝叶斯算法。那么，对 $f(x|i)$ 的估计也就仅需要估计每个单变量的边际分布 $f(x_j|i),(j=1,\cdots,p;i=0,1)$。这样，$p$ 维多变量估计问题就被约减为 p 个单变量估计问题。相对于多变量分布，单变量分布估计更简单，也被研究得更透彻，达到同一估计精度需要的训练集规模更小。

如果边际分布 $f(x_j|i)$ 是离散的且 x_j 仅含有少量取值，则可以用简单的多项式直方图估计每个 $f(x_j|i)$。这种方法很直接，也正是朴素贝叶斯算法最常用的估计算法，很多软件实现了采用这种方法处理离散变量。实际上，很多软件还实现了直接将连续变量（年龄、体重和收入等）定义域分割成小的单元，这样就可以将多项式直方图估计方法应用到所有变量。可能你会觉得这种策略很弱，因为直方图相邻单元间的任何连续性都丧失了，同时单元覆盖必须足够宽，以包含足够多的数据点，这样才能得到精确的概率估计。但从另一角度看，这种算法可以作为任何单变量分布的通用非参数估计算法，所以避免了引入分布假设。因为这是一种非线性变换，所以不同 $f(x_j|i)$ 估计之间的关系不一定是关于 x_j 单调的。

如果我们愿意花费更大的计算代价（更具体地，抛弃以计算过程简单见长的直方图估计方法），就完全可以拟合出比仅适用于一元变量边际分布更有力的模型。例如，可以假

设具有特定参数形式的分布(正态分布、对数正态分布等)，进而可以用标准和常见的估计方法来估计参数，甚至使用核密度估计等复杂的非参数算法，虽然这些复杂算法计算起来没有直方图估计方法快，但对于现代计算机而言差别也不大。倾向于使用直方图方法的一个理由是我们往往需要将所有变量离散化。

处于朴素贝叶斯算法核心位置的独立性假设似乎有点脱离现实，因为在绝大多数实际问题中不太可能存在完全的独立性。人们往往先入为主地认为，这个方法的根本性假设都不对，那它的效果一定也好不到哪去。但事实却是，该算法在很多实际应用中表现卓越。

到目前为止，我们用抽样范式叙述了朴素贝叶斯算法，讨论了类条件分布的估计，假设每个分布的变量之间是独立的。朴素贝叶斯算法的迷人之处还在于我们能找到另一种与基本模型等价的形式，那就是使用严格单调变换对 $p(i|x)$ 和分类阈值同时进行变换，而分类结果不变。令 T 是严格单调递增变换，则有

$$p(i|x) > p(i|y) \Leftrightarrow T[p(i|y)] > T[p(i|y)] \tag{10.2}$$

进而有 $p(i|x) > t \Leftrightarrow T[P(i|x)] > T(t)$。这意味着，如果 t 是 $p(i|x)$ 用以比较的分类阈值，那么将 $T[p(i|x)]$ 与 $T(t)$ 进行比较也会得到相同的分类结果。

如下的比例变换就是这样一种单调递增变换：

$$p(1|x)/[1-p(1|x)] = p(1|x)/p(0|x) \tag{10.3}$$

朴素贝叶斯算法假设在每个类别中变量都是独立的，依据类别 i 的分布形式 $f(x|i) = \prod_{j=1}^{p} f(x_j|i)$，可将比例 $p(1|x)/[1-p(1|x)]$ 重写为

$$\frac{p(1|x)}{1-p(1|x)} = \frac{p(1)\prod_{j=1}^{p} f(x_j|1)}{p(0)\prod_{j=1}^{p} f(x_j|0)} = \frac{p(1)}{p(0)}\prod_{j=1}^{p}\frac{f(x_j|1)}{f(x_j|0)} \tag{10.4}$$

另外，对数变换也是单调递增的，所以可以得到另一个打分器

$$\ln\frac{p(1|x)}{1-p(1|x)} = \ln\frac{p(1)}{p(0)} + \sum_{j=1}^{p}\ln\frac{f(x_j|1)}{f(x_j|0)} \tag{10.5}$$

如果定义 $w_j(x_j) = \ln[f(x_j|1)/f(x_j|0)]$ 和 $k = \ln\{p(1)/p(0)\}$，就可以将式(10.5)化为分离变量的简单求和

$$\ln\frac{p(1|x)}{1-p(1|x)} = k + \sum_{j=1}^{p} w_j(x_j) \tag{10.6}$$

分值 $S = K + \sum_{j=1}^{p} w_j(x_j)$ 是直接由 $p(1|x)$ 的估计算出来的，这是一种诊断范式。现在就可以很清楚地看到，朴素贝叶斯模型其实就是对原始 x_j 变换的简单求和。

如果每个变量都是离散的或者是将连续变量分割为小的单元来离散化,则式(10.6)的形式就特别简单。记变量 x_j 的第 k_j 个单元的值是 $x_j^{k_j}$,那么 $w_j(x_j^{k_j})$ 就是"两个份额"之比的对数,即类别 1 的点在变量 x_j 上取值落入第 k_j 个单元的份额比上类别 0 的点在变量 x_j 上取值落入第 k_j 个单元的份额。有些应用中将这个 $w_j(x_j^{k_j})$ 称为证据权重,即第 j 个变量对总分值的贡献,或者说第 j 个变量为将对象归于类别 1 提供的证据。根据这些证据权重,可以识别出哪些变量对于判断任一特定对象的类别归属是重要的。

10.2.2 算法过程实例

1. 实例 1

为了说明朴素贝叶斯算法的原理,考虑表 10.1 所列的仿真数据集。我们的目的是将这些数据作为训练集来构建一个规则,该规则将允许为新用户预测变量 D。D 是银行贷款违约(最后一列,默认为 1,非默认为 0)。将用于预测的变量是第 1~3 列,分别是受雇时间 T,以年计算;货款额 S,以美元计算;H,申请人身份是房主(1)、租户(2),还是"其他"(3)。事实上,朴素贝叶斯算法是一种检测信用欺诈的常规做法,虽然通常在这样的应用程序中,训练集将包含数十万个账户,并将使用更多的变量,且朴素贝叶斯算法主要用于上述分段打分方法的叶节点分类。

表 10.1 实例、数据集

T/年	S/美元	申请人身份 H	银行贷款违约 D
5	10000	1	0
20	10000	1	0
1	25000	1	0
1	15000	3	0
15	2000	2	0
6	12000	1	0
1	5000	2	1
12	8000	2	1
3	10000	1	1
1	5000	3	1

受雇时间是一个连续变量。对于这个类别中的每个数据,我们都可以使用内核方法或一些假定的参数形式来估计分布 $f(T \mid i)$ $(i = 0,1)$(对数正态分布就很适用于这个变量),或者可以使用将变量分解为单元格的朴素贝叶斯算法,通过落入该单元格的第 i 类实例的比例估计每个单元格落入的概率。这里采取第 3 种方法,并尽可能简化,按用户受雇达到 10 年和超过 10 年将 T 分成只有两个单元格。这就产生了概率估计

$$\hat{f}(T<10|D=0)=4/6, \hat{f}(T \geqslant 10|D=0)=2/6$$
$$\hat{f}(T<10|D=1)=3/4, \hat{f}(T \geqslant 10|D=1)=1/4$$

同样,我们也会对贷款额做同样的事情,按照 $S \leqslant 10000$ 和 $S > 10000$ 将它分成两个单元格(纯粹为了便于说明)。这就产生了概率估计

$$\hat{f}(S\leq 10000|D=0)=3/6, \hat{f}(S>10000|D=0)=3/6$$
$$\hat{f}(S\leq 10000|D=1)=3/4, \hat{f}(S>10000|D=1)=1/4$$

对于申请人身份,产生以下 3 个估计概率:

$$\hat{f}(H=1|D=0)=4/6, \hat{f}(H=2|D=0)=1/6, \hat{f}(H=3|D=0)=1/6$$

对于银行贷款违约,相应的概率是

$$\hat{f}(H=1|D=1)=1/4, \hat{f}(H=2|D=1)=2/4, \hat{f}(H=3|D=1)=1/4$$

假设现在收到一个新的贷款申请,从申请人那里得到他(她)(这种措辞是特意的,因为用性别作为贷款决定的预测指标是非法的)的受雇时间不到 10 年($T<10$),正在寻找 10000 美元($S\leq 10000$)的贷款,并且是房主($H=1$)。因此,估计值 $p(1|\boldsymbol{x})/p(0|\boldsymbol{x})$ 如下:

$$\frac{p(1|\boldsymbol{x})}{p(0|\boldsymbol{x})}=\frac{p(1)}{p(0)}\prod_{j=1}^{p}\frac{\hat{f}(x_j|1)}{\hat{f}(x_j|0)}=\frac{P(1)}{P(0)}\times\frac{\hat{f}(T|1)\hat{f}(S|1)\hat{f}(H|1)}{\hat{f}(T|0)\hat{f}(S|0)\hat{f}(H|0)}$$

$$=\frac{4/10}{6/10}\times\frac{3/4\times 3/4\times 1/4}{4/6\times 4/6\times 3/6\times 4/6}=0.422$$

由于 $p(1|\boldsymbol{x})=1-p(0|\boldsymbol{x})$,这等价于 $p(1|\boldsymbol{x})=0.296$,$p(0|\boldsymbol{x})=0.703$。如果分类阈值为 0.5(如果我们决定对客户进行分类,如果 $p(1|\boldsymbol{x})>0.5$,则向量 $\boldsymbol{x}$ 分为类别 1,否则分为类别 0),则该申请人将被归类为可能属于 0 级的非违约者,是一个很好的贷款对象。

2. 实例 2

朴素贝叶斯算法的一个重要且相对较新的应用领域是垃圾电子邮件过滤。垃圾电子邮件是不请自来的,是不需要的电子邮件,通常是某种类型的直接营销,如提供金融或其他方面的可疑机会。它们背后的原则是,即使是低回复率也是有利可图的,原因有二:①邮寄电子邮件的成本可以忽略不计;②具有足够的数量。由于它们会自动发送到数百万个电子邮件地址,因此用户每天可能会收到数百封垃圾电子邮件,人工删除会消耗大量时间。出于这个原因,研究人员开发了分类规则,称为垃圾电子邮件过滤器,用于检查传入的电子邮件并将其分为垃圾电子邮件和非垃圾电子邮件。那些分为垃圾电子邮件的可以自动删除,也可以发送到保留文件夹供以后检查,或以任何其他适当的方式处理。

朴素贝叶斯模型作为垃圾电子邮件过滤器非常流行,可以追溯到 Sahami 等人开创性的早期工作(1998)。然而,朴素贝叶斯模型还允许随时添加其他二进制变量,这些变量对应于是否存在其他句法特征,如标点符号、货币单位($、£、€ 等)、单词组合、电子邮件的来源是个人还是列表等。此外,其他非二进制变量可用作进一步的预测变量,如电子邮件的来源、主题中的非字母数字字符的百分比等。由此可以清楚地看出,可能的变量数量非常大。正因为如此,通常会进行特征选择步骤(回想一下,为什么朴素贝叶斯算法虽然有粗糙的独立性但仍表现优异)。

垃圾电子邮件过滤的一个重要方面是错误分类成本严重程度的不平衡。将合法电子

邮件误分类为垃圾电子邮件比反过来严重得多。这种代价的不平衡和两个级别的相对大小在确定分类阈值中起作用。在试验中，Sahami 等人(1998)选择了一个 0.999 的阈值来比较 p(垃圾电子邮件$|x$)。

朴素贝叶斯模型的一个优点是它可以很容易地应用于二元变量的变量计数。上述多变量二进制垃圾电子邮件过滤器很容易扩展为变量值分布更复杂的模型。我们之前已经提到了多项式模型的使用，其中连续变量被划分为两个以上的单元格(实例 1 的仿真数据中，申请人身份变量是三角变量的情况)。试验表明，对于垃圾电子邮件过滤来说，多项式方法在电子邮件中使用词出现的频率优于仅使用二值变量。Metsis 等人(2006)对不同版本的朴素贝叶斯模型进行了比较分析，其中边际变量以不同方式处理，将该方法应用于某些真实的电子邮件数据集。

10.3　算法的 R 语言实现

10.3.1　naiveBayes 函数介绍

朴素贝叶斯算法是基于贝叶斯定理与特征条件独立假设的分类算法，其主要函数参数介绍见表 10.2。

表 10.2　e1071 包中的 naiveBayes 函数参数

函数 参数	naiveBayes(formula, data, laplace = 0,…, subset, na.action = na.pass)
formula	调用类似于 formu=x1+x2+…，也可以是一个不带分类标签的矩阵
data	训练集
laplace	拉普拉斯平滑，一般取 0~1 之间的小数
subset	对于在数据框中给出的数据，索引矢量指定要在训练样本中使用的样本
na.action	如果有 NAs(默认值)，则指定要采取默认值插补的操作。默认不计算

10.3.2　利用 e1071 包中的 naiveBayes 函数建立模型

步骤 1，加载 e1071 包：

```
library(e1071)
library(printr)
```

步骤 2，Iris 数据集分为训练集和测试集：

```
index<-sample(1:nrow(iris), nrow(iris)*3/4)
iris.train <-iris[index, ]
iris.test <-iris[-index, ]
```

步骤 3，使用拉普拉斯平滑预测：

```
model<- naiveBayes(Species ~ ., data = iris.train, laplace = 3)
```

步骤 4，用模型对测试集做测试：

```
pred<- predict(model, iris.test[,1:dim(iris)[2]-1])
```

步骤 5，结果显示：

```
table(pred, iris.test$Species)#混淆矩阵
```

test_pre	Setosa	versicolor	virginica
setosa	13	0	0
versicolor	0	16	2
virginica	0	0	7

由混淆矩阵可以计算出错误率为 2/(13+16+2+7)=5.26%。

10.3.3 算法拓展——其他改进的 Naive Bayes 算法

我们已经看到，朴素贝叶斯模型通常是非常有效的。它还具有容易计算的独特优点，尤其是在处理离散变量的情况下，而且对模型的理解和解释较容易，特别是式(10.6)中逐点评分方式的简洁性，这些因素使它被广泛使用。然而，它的简单及核心假设通常看起来不切实际，因此许多研究人员提出扩展它，以提高其预测准确性。

例如，为了得到更准确的分类结果，可以通过收缩概率估计来放松独立性假设。对离散预测变量的情况，还提出了通过这种收缩来改进对落入每个类别的对象比例的简单多项式估计。所以，如果离散预测变量具有 C_r 类别，并且 n 个对象中有 n_{jr} 个的第 j 个属性落入第 r 个类别中，则表示将来的对象落入该类别的概率的通常多项式估计量 n_{jr}/n 由 $(n_{jr}+C_r^{-1})/(n+1)$ 代替。这种收缩有时也被称为拉普拉斯修正。当样本大小和单元格宽度使得一个取值只对应少量对象时，这会很有用。

也许放松独立性假设最直接的方法是在每个类别的 x 分布模型中都引入额外的数学项，以表示相互作用。人们已经尝试了很多方式，但都必然增加贝叶斯模型的复杂性，使它不再简洁和优雅。当 x 中两个变量的相互作用被列入模型中时，就不能仅仅基于这个单变量的边际分布进行估计了。

在第 i 类中，x 的共同分布是

$$f(\boldsymbol{x}|i) = f(x_1|i)f(x_2|x_1,i)f(x_3|x_1,x_2,i)\cdots f(x_p|x_1,x_2,\cdots,x_{p-1},i) \tag{10.7}$$

对于所有 j，$f(x_j|x_1,\cdots,x_{j-1},i)=f(x_j|i)$ 极端出现，并且这是 naiyouve 贝叶斯算法。很明显，可以使用这两个极端之间的模型。如果变量是离散的，那么可以通过使用对数线性模型来估计包含任意相互作用程度的适当模型；对于连续变量，图形模型和条件独立图是适当的。在某些情况下，适用的例子是马尔科夫模型

$$f(\boldsymbol{x}|i) = f(x_1|i)f(x_2|x_1,i)f(x_3|x_1,x_2,i)\cdots f(x_p|x_{p-1},i) \tag{10.8}$$

这相当于使用双向边际分布的一个子集，而不是仅使用朴素贝叶斯模型中的单变量边际分布。

其他扩展方法将朴素贝叶斯模型与树方法相结合(如 Langley, 1993)，例如根据对象

在一些变量上的值将全部总体分解成子集,然后将朴素贝叶斯模型拟合到每个子集。这样的模型在一些应用中很流行,它们被称为分段记分卡。分割是一种允许互动的方法,如果单个整体独立性模型得到满足,则互动会造成困难。

另一种将贝叶斯模型嵌入更高级别方法的算法是借助多个分类器系统,如随机森林或提升。

在朴素贝叶斯模型和另一个非常重要的监督分类模型——逻辑回归模型之间存在非常密切的关系。这最初是在统计社区内开发的,在医学、银行、营销和其他领域得到了广泛的应用。它比朴素贝叶斯模型更强大,但是具备额外功能的代价是需要更复杂的估计方案。特别地,虽然它具有与朴素贝叶斯模型相同的简单基本形式,但参数,如 $w_j(x_j^{k_j})$ 不能通过确定比例来估计,而需要一个迭代算法。

在检验上面的朴素贝叶斯模型时,我们通过采用独立性假设得到了分解式(10.4)。但是,如果将 $f(\boldsymbol{x}|1)$ 乘以 $g(\boldsymbol{x})\prod_{j=1}^{p}h_1(x_j)$,$f(\boldsymbol{x}|0)$ 乘以 $g(\boldsymbol{x})\prod_{j=1}^{p}h_0(x_j)$,则比例结果的结构完全一样。其中,函数 $g(\boldsymbol{x})$ 在每个模型中都是相同的。如果 $g(\boldsymbol{x})$ 不能分解成关于分量的乘积,那么对于每个原始 x_j,我们都不假定 x_j 是独立的。$g(\boldsymbol{x})$ 中隐含的依赖结构可以像我们喜欢的那样复杂,唯一的限制是它在两个类别中是相同的。也就是说,$g(\boldsymbol{x})$ 在 $f(\boldsymbol{x}|1)$ 和 $f(\boldsymbol{x}|0)$ 的因式分解中是存在的。从这些 $f(\boldsymbol{x}|i)$ 的因式分解,我们得到

$$\frac{p(1|\boldsymbol{x})}{1-p(1|\boldsymbol{x})}=\frac{p(1)g(\boldsymbol{x})\prod_{j=1}^{p}h_1(x_j)}{p(0)g(\boldsymbol{x})\prod_{j=1}^{p}h_0(x_j)}=\frac{p(1)}{p(0)}\cdot\frac{\prod_{j=1}^{p}h_1(x_j)}{\prod_{j=1}^{p}h_0(x_j)} \qquad (10.9)$$

由于 $g(\boldsymbol{x})$ 项取消,所以我们留下与式(10.4)相同的结构,尽管 $h_i(x_j)$ 与 $f(x_j|i)$ 不同(除非 $g(\boldsymbol{x})\equiv 1$)。请注意,在这个分解中,$h_i(x_j)$ 甚至不必是概率密度函数,只要 $g(\boldsymbol{x})\prod_{j=1}^{p}h_i(x_j)$ 是密度函数即可。

式(10.9)表示的模型与朴素贝叶斯模型一样简单,并且采用完全相同的形式。特别地,通过记录日志,我们最终得到如式(10.4)结构的点评分模型。但式(10.9)表示的模型比朴素贝叶斯模型更灵活,因为它不假定每个类中的 x_j 都是独立的。当然,逻辑回归模型的这种相当强的额外灵活性并不是没有成本的。尽管最终的模型与朴素贝叶斯模型的形式(当然有不同的参数值)是相同的,但它不能通过单独查看单变量边界来估计,而必须使用迭代过程。标准统计文本(如 Collett,1991)给出了用于估计逻辑回归模型的参数的算法。通常使用迭代比例加权最小二乘法来寻找使可能性最大化的参数。

基于原始 x_j 的离散化转换的朴素贝叶斯模型的版本可以被推广,以产生其他扩展,特别是更一般的广义加性模型(Hastie 和 Tibshirani,1990),完全采用了 x_j 变换的加性组合形式。

朴素贝叶斯模型具有极大的吸引力,因为它的简单性、优雅性、健壮性,以及这种模型的构建速度和它可以用于生成分类的速度。它是最古老的正式分类算法之一,虽然是最简单的分类算法,但它的效果往往令人惊讶。为了使其更加灵活,统计学、数据挖

掘、机器学习和模式识别社区引入了大量修改，但人们必须认识到，这些修改必然是复杂的，会减弱其基础简单性。

10.4 小　　结

1．Naive Bayes 算法的主要优点

(1)朴素贝叶斯模型发源于古典数学理论，有稳定的分类效率。

(2)对小规模的数据表现很好，能处理多分类任务，适合增量式训练，尤其是数据量超出内存时，可以一批批地做增量训练。

(3)对缺失数据不太敏感，算法也比较简单，常用于文本分类。

2．Naive Bayes 算法的主要缺点

(1)理论上，朴素贝叶斯模型与其他分类方法相比具有最小的误差率，但实际上并非总是如此。这是因为朴素贝叶斯模型在给定输出类别的情况下，假设属性之间相互独立，这个假设在实际应用中往往是不成立的，在属性个数较多或属性之间相关性较大时，分类效果不好。而在属性相关性较小时，算法性能最优。对于这点，有半朴素贝叶斯之类的算法通过考虑部分相关性进行了适度改进。

(2)需要知道先验概率，且先验概率很多时候取决于假设，假设的模型可以有很多种，因此在某些时候会由于先验模型的原因导致预测效果不佳。

(3)由于我们是通过先验数据来决定后验的概率从而决定分类的，所以分类决策存在一定的错误率。

(4)对输入数据的表达形式很敏感。

3．Naive Bayes 算法的研究与发展方向

(1)信息型数据缺失的研究。在现今所有的数据分析任务中，数据缺失是一个潜在的问题。不能处理缺失数据的分类方法都是存在缺陷的。如果数据缺失是随机发生的，那么处理朴素贝叶斯模型就没有任何困难，因为它能从观测数据简单地得到边际分布的有效估计。但是，如果数据缺失是信息型缺失，那么处理过程将会非常复杂，这是一个值得深究的领域。

(2)动态数据和流动数据集的研究。现在越来越多的问题都牵涉动态数据集和流动数据集，Naive Bayes 算法如何更好地处理这类数据集还需要一定研究。

(3)类似"小 n 大 p-样本少维数高"问题的处理。在生物信息学、基因组学、蛋白质学及微阵列数据分析等领域中，这类问题非常难处理。这类问题的特点是变量的数量比样本数量多得多。这就产生了奇异协方差矩阵、过拟合等非常困难的病态问题。为了解决这些问题，有必要引入一些假设或以某种方式对估计进行收缩。在有监督分类任务中，解决该类问题的一种可行方法就是使用朴素贝叶斯模型。

参 考 文 献

[1] Titterington D M. comparison of discrimination techniques applied to a complex data set of head

injured Patients[J]. Journal of the Royal Statistical Society, 1981, 144(2):145-175.

[2] Mani S, Pazzani M J, West J. knowledge discovery from a breast cancer database[C]. Conference on Artificial Intelligence in Medicine in Europe. Springer-Verlag, 1997:130-133.

[3] Hand D J, Yu K. idiot's bayes: not so stupid after all?[J]. International Statistical Review, 2001, 69(3):385-398.

[4] Dominggos P, Pazzani M. on the optimality of the simple Bsyesian classifier under zero-one loss[J]. Machine Learning, 1997, 29(3),103-130.

[5] Jamain A, Hand D J. mining supervised classifition performance studies:analytic investigation[J]. Journal of classification,2008,25(2):87-112.

第 11 章 SVM 算法

11.1 算法简介

支持向量机(Support Vector Machine,SVM)是 Corinna Cortes 和 Vapnik 等人于 1995 年首先提出的,它在解决小样本、非线性及高维模式识别问题中表现出许多特有的优势,并能够推广应用到函数拟合等其他机器学习问题中[1-3]。支持向量机(SVM)包括支持向量分类器(SVC)和支持向量回归器(SVR),SVM 算法是数据挖掘算法中强大而精确的算法之一。SVM 算法具有统计学的良好理论基础,它只需要几十个训练示例,并且对维度数量不敏感。在过去 10 年中,SVM 算法在理论和实践上都有快速发展[4]。

SVM 算法是建立在统计学习理论的 VC 维理论和结构风险最小原理基础上的,根据有限的样本信息在模型的复杂性(对特定训练样本的学习精度)和学习能力(无错误地识别任意样本的能力)之间寻求最佳折中,以获得最好的推广能力[5,6]。

11.2 算法基本原理

11.2.1 基础理论

对于二分类线性可分离学习任务,SVM 算法的目的是找到一个超平面,可以分离两类给定样本的最大间隔。SVM 算法已被证明能够提供最佳的泛化能力,这是指分类器不仅在训练数据上具有良好的分类性能(如精度),而且还能保证来自与训练数据有相同分布的未来数据的高精度预测。

直观上,可以将间隔定义为由超平面定义的两个类之间的空间分隔。在几何上,间隔对应于超平面上任意点与最近数据点之间的最短距离。图 11.1 示出了在上述条件下对于二维输入空间的最优超平面的几何构造。令 w 和 b 分别表示最优超平面中的权重向量和偏差,相应的超平面可以定义为

$$w^T x + b = 0 \qquad (11.1)$$

从样本 x 到最优超平面的几何距离是

$$r = \frac{g(x)}{\|w\|} \qquad (11.2)$$

其中,$g(x) = w^T x + b$ 是由超平面定义的判别函数,也称 w 和 b 的函数间隔。

因此,SVM 算法旨在找到用于最优超平面的参数 w 和 b,以便最大化由两个类别中的

最短几何距离 r^* 确定的分离间隔,从而 SVM 也称最大间隔分类器。现在为不失一般性,我们将间隔修正为 1。也就是说,对给定训练集 $\{x_i, y_i\}_{i=1}^n \in R^m \times \{\pm 1\}$,我们有

$$\begin{aligned} \boldsymbol{w}^\mathrm{T}\boldsymbol{x}_i + \boldsymbol{b} \geq 1, & \quad \text{则} \quad y_i = +1 \\ \boldsymbol{w}^\mathrm{T}\boldsymbol{x}_i + \boldsymbol{b} < -1, & \quad \text{则} \quad y_i = -1 \end{aligned} \tag{11.3}$$

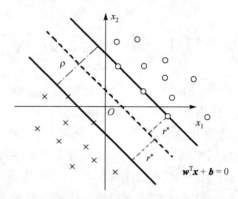

图 11.1　线性可分离情况下 SVM 算法中最优超平面的图示

满足式(11.3)中第一式或第二式的特定数据点 (x_i, y_i) 称为支持向量,它们恰好是最优超平面最接近的数据点。然后,从支持向量 x^* 到最优超平面的几何距离为

$$r^* = \frac{g(x^*)}{\|\boldsymbol{w}\|} = \begin{cases} \dfrac{1}{\|\boldsymbol{w}\|} & y^* = +1 \\ -\dfrac{1}{\|\boldsymbol{w}\|} & y^* = -1 \end{cases} \tag{11.4}$$

从图 11.1 可以看出,分离间隔 ρ 是

$$\rho = 2r^* = \frac{2}{\|\boldsymbol{w}\|} \tag{11.5}$$

为了确保可以发现最大间隔超平面,SVM 算法尝试相对于 $\boldsymbol{w}$ 和 $\boldsymbol{b}$ 最大化 ρ,即

$$\begin{aligned} & \max_{\boldsymbol{w},\boldsymbol{b}} \frac{2}{\|\boldsymbol{w}\|} \\ & \text{s.t.} \quad y_i(\boldsymbol{w}^\mathrm{T}\boldsymbol{x}_i + \boldsymbol{b}) \geq 1 \quad i=1,\cdots,n \end{aligned} \tag{11.6}$$

也就是

$$\begin{aligned} & \min_{\boldsymbol{w},\boldsymbol{b}} \frac{1}{2}\|\boldsymbol{w}\|^2 \\ & \text{s.t.} \quad y_i(\boldsymbol{w}^\mathrm{T}\boldsymbol{x}_i + \boldsymbol{b}) \geq 1 \quad i=1,\cdots,n \end{aligned} \tag{11.7}$$

在这里,经常使用 $\|\boldsymbol{w}\|^2$ 而不是 $\|\boldsymbol{w}\|$,是为了方便进行后续的优化步骤。

一般来说,通过使用拉格朗日乘数法来解决式(11.7)中的约束问题,称为原始问题。我们构造以下拉格朗日函数:

$$L(\boldsymbol{w},\boldsymbol{b},\boldsymbol{\alpha}) = \frac{1}{2}\boldsymbol{w}^\mathrm{T}\boldsymbol{w} - \sum_{i=1}^n \alpha_i \left[y_i(\boldsymbol{w}^\mathrm{T}\boldsymbol{x}_i + \boldsymbol{b}) - 1 \right] \tag{11.8}$$

其中，α_i 是关于第 i 个不等式的拉格朗日乘子。

相对于 w 和 b 区分 $L(w,b,\alpha)$，并将结果设置为零，得到以下最优条件：

$$\begin{cases} \dfrac{\partial L(w,b,\alpha)}{\partial w} = 0 \\ \dfrac{\partial L(w,b,\alpha)}{\partial b} = 0 \end{cases} \tag{11.9}$$

然后得到

$$\begin{cases} w = \sum_{i=1}^{n} \alpha_i y_i x_i \\ \sum_{i=1}^{n} \alpha_i y_i = 0 \end{cases} \tag{11.10}$$

将式(11.10)代入式(11.8)，可以得到相应的对偶问题

$$\max_{\alpha} W(\alpha) = \sum_{i=1}^{n} \alpha_i - \frac{1}{2} \sum_{i=1}^{n} \sum_{j=1}^{n} \alpha_i \alpha_j y_i y_j x_i^{\mathrm{T}} x_j$$

$$\text{s.t.} \quad \sum_{i=1}^{n} \alpha_i y_i = 0 \tag{11.11}$$

$$\alpha_i \geq 0 \quad i = 1,\cdots,n$$

与此同时，Karush-Kuhn-Tucker[7]的补充条件是

$$\alpha_i \left[y_i (w^{\mathrm{T}} x_i + b) - 1 \right] = 0 \quad i = 1,\cdots,n \tag{11.12}$$

因此，确定最大间隔并且最接近最优超平面的支持向量 (x_i, y_i) 对应于非零 α_i，其他 α_i 等于零。

式(11.11)中的对偶问题是典型的凸二次规划问题，在许多情况下，它可以通过采用一些适当的优化技术，如顺序最小优化(SMO)算法，有效地收敛到全局最优。

在确定最佳拉格朗日乘子 α_i^* 之后，我们可以通过式(11.10)计算最优权重向量 w^*

$$w^* = \sum_{i=1}^{n} \alpha_i^* y_i x_i \tag{11.13}$$

然后，利用支持向量 x_S，相应的最优偏差 b^* 可以写成

$$b^* = 1 - w^{*\mathrm{T}} x_S \quad 则 \quad y_S = +1 \tag{11.14}$$

11.2.2 软间隔优化

在许多现实问题中，特别是在许多复杂的非线性分类案例中，要求所有点都是线性可分的可能太严格了。当样品不能完全线性分离时，间隔可能为负值。在这些情况下，原始问题的可行区域是空的，因此相应的对偶问题无解。这使得该优化问题无法解决。

为了解决这些不可分割的问题,我们通常采用两种方法。第一种是放松式(11.7)中的刚性不等式,从而实现所谓的软间隔优化;另一种方法是应用核映射来线性化这些非线性问题。本节介绍软间隔优化。

想象一下在数据中混合几个相反类别点的情况。"软间隔"思想旨在扩展 SVM 算法,使超平面允许存在一些这样的嘈杂数据。特别地,引入一个松弛变量 ξ_i 来量化分类器的违规分类:

$$\min_{w,b} \frac{1}{2}\|w\|^2 + C\sum_{i=1}^{n}\xi_i$$
$$\text{s.t.} \quad y_i(w^T x_i + b) \geq 1 - \xi_i \tag{11.15}$$
$$\xi_i \geq 0, i = 1,\cdots,n$$

其中,参数 C 控制分类器的复杂性与不可分的点的数量。它可以被视为"正则化"参数,并由用户经试验或分析后选择。

松弛变量 ξ_i 通过从错误分类数据实例到超平面的距离进行直接几何解释。该距离测量了样本与最优超平面的理想偏差。使用与前面介绍的拉格朗日乘子相同的方法,可以将软间隔的对偶问题确定为

$$\max_{\alpha} W(\alpha) = \sum_{i=1}^{n}\alpha_i - \frac{1}{2}\sum_{i=1}^{n}\sum_{j=1}^{n}\alpha_i\alpha_j y_i y_j x_i^T x_j$$
$$\text{s.t.} \quad \sum_{i=1}^{n}\alpha_i y_i = 0 \tag{11.16}$$
$$0 \leq \alpha_i \leq C, i = 1,\cdots,n$$

将式(11.11)与式(11.16)进行比较,值得注意的是,松弛变量 ξ_i 不出现在对偶问题中。线性不可分和可分的情况之间的主要区别是约束 $\alpha_i \geq 0$ 被 $0 \leq \alpha_i \leq C$ 替代。否则,两种情况相似,包括权重向量 w 和偏差 b 的最优值计算。

在不可分割的情况下,Karush-Kuhn-Tucker 的补充条件是

$$\alpha_i[y_i(w^T x_i + b) - 1 + \xi_i] = 0 \quad i = 1,\cdots,n \tag{11.17}$$
$$\gamma_i \xi_i = 0 \quad i = 1,\cdots,n \tag{11.18}$$

其中,γ_i 是对应于 ξ_i 的拉格朗日乘子,其被引入以控制 ξ_i 的非负性。由原始问题的拉格朗日函数的鞍点得到

$$\alpha_i + \gamma_i = C \tag{11.19}$$

结合式(11.18)和式(11.19),有

$$\alpha_i < C \text{ 时 } \xi_i = 0 \tag{11.20}$$

因此,最优权重 w^* 如下:

$$w^* = \sum_{i=1}^{n}\alpha_i^* y_i x_i \tag{11.21}$$

我们可以通过采用具有 $0 \leq \alpha_i^* \leq C$ 的训练集中的任何数据点 (x_i, y_i) 和相应的 $\xi_i = 0$ 来获得最佳偏差 b^*,并且满足式(11.17)。

11.2.3 核映射

核映射是解决线性不可分割问题的一种常用技术。方法是基于给定数据之间的内积来定义适当的核函数,作为从输入空间到更高(甚至无限)维度空间的非线性变换,从而使问题线性可分离。

令 $\Phi: X \to H$ 表示从输入空间 $X \in R^m$ 到特征空间 H 的非线性变换。可以定义相应的最优超平面

$$w^{\Phi^T}\Phi(x) + b = 0 \tag{11.22}$$

不失一般性地,我们设定偏差 $b = 0$,则式(11.22)简化为

$$w^{\Phi^T}\Phi(x) = 0 \tag{11.23}$$

类似于线性可分的情况,我们根据类似的拉格朗日乘子法,在特征空间中寻找最优权重向量 w^{Φ^T},得到

$$w^{\Phi^T} = \sum_{i=1}^{n} \alpha_i^* y_i \Phi(x_i) \tag{11.24}$$

因此,在特征空间中计算的最优超平面是

$$\sum_{i=1}^{n} \alpha_i^* y_i \Phi^T(x_i)\Phi(x) = 0 \tag{11.25}$$

其中,$\Phi^T(x_i)\Phi(x)$ 表示两个矢量 $\Phi(x_i)$ 和 $\Phi(x)$ 的内积。因此,可以推导出内积核函数。

定义 11.1.1(内积核) 内积核是一个函数 $k(x, x')$,对于所有 x,有 $x, x' \in X \subset R^m$,满足

$$k(x, x') = \Phi^T(x_i)\Phi(x) \tag{11.26}$$

其中,Φ 是从输入空间 X 到特征空间 H 的映射。

内积核的意义在于,可以使用它来构建特征空间中的最优超平面,而不必考虑变换 Φ 的具体形式。因此,内积核的应用可以使算法对维度不敏感,从而在具有较高维度的空间中训练线性分类器,有效地解决线性不可分割的问题。将式(11.25)中的 $\Phi^T(x_i)\Phi(x)$ 用 $k(x_i, x)$ 代替,则最佳超平面是

$$\sum_{i=1}^{n} \alpha_i^* y_i k(x_i, x) = 0 \tag{11.27}$$

核映射是简化计算的一种方法,通过它可以避免直接计算复杂的特征空间。

然而,在实现核映射之前,应考虑如何构建一个核函数,即一个核函数应该满足哪些特性。为了解决这个问题,我们首先介绍 Mercer 定理,其定义为一个函数 $k(x, x')$ 的属性,当它被认为是一个真正的核函数时,有以下定理。

定理 11.1.2(Mercer 定理) 令 $k(x, x')$ 是在闭合区间 $a \leq x \leq b$ 中定义的连续对称核函数,则

$$k(x, x') = \sum_{i=1}^{\infty} \lambda_i \varphi_i(x) \varphi_i(x') \tag{11.28}$$

具有正系数，对于所有 i，$\lambda_i > 0$。这种扩展是有效的，为了收敛，下面的条件是充分必要的：

$$\int_b^a \int_b^a k(\boldsymbol{x},\boldsymbol{x}')\psi(\boldsymbol{x})\psi(\boldsymbol{x}')\mathrm{d}\boldsymbol{x}\mathrm{d}\boldsymbol{x}' \geq 0 \tag{11.29}$$

下式适用于所有 $\psi(\cdot)$：

$$\int_b^a \psi^2(\boldsymbol{x})\mathrm{d}\boldsymbol{x} < \infty \tag{11.30}$$

由此，可以总结出核构建中最有用的特性。也就是说，对于属于输入空间 X 的任何随机有限子集，由核函数 $k(\boldsymbol{x},\boldsymbol{x}')$ 构成的相应矩阵为

$$\boldsymbol{K} = [k(\boldsymbol{x}_i,\boldsymbol{x}_j')]_{i,j=1}^n \tag{11.31}$$

这是一个半正定对称矩阵，称为 Gram 矩阵。

在实践中可以自由选择一个核函数。例如，除线性核函数外，还可以定义多项式或径向基函数。近年来，用于 SVM 分类的不同核的研究和许多其他统计测试越来越多，我们将在后面章节提及。

11.2.4　SVM 算法的过程

本节对线性可分 SVM 算法过程做一个总结。

输入是线性可分的 m 个样本 $(\boldsymbol{x}_1,\boldsymbol{y}_1),(\boldsymbol{x}_2,\boldsymbol{y}_2),\cdots,(\boldsymbol{x}_m,\boldsymbol{y}_m)$，其中，$\boldsymbol{x}$ 为 n 维特征向量；$\boldsymbol{y}$ 为二元输出，值为 $\{-1,+1\}$。

输出是分离超平面的参数 $\boldsymbol{w}^*$、$\boldsymbol{b}^*$ 和分类决策函数。

算法过程如下：

(1) 构造约束优化问题，即

$$\max_{\boldsymbol{\alpha}} W(\boldsymbol{\alpha}) = \sum_{i=1}^n \alpha_i - \frac{1}{2}\sum_{i=1}^n \sum_{j=1}^n \alpha_i \alpha_j y_i y_j \boldsymbol{x}_i^\mathrm{T} \boldsymbol{x}_j$$

$$\mathrm{s.t.}\ \sum_{i=1}^n \alpha_i y_i = 0$$

$$0 \leq \alpha_i \leq C \quad i=1,\cdots,n$$

(2) 用 SMO 算法求出上式值最小时对应的 $\boldsymbol{\alpha}$ 向量的值 $\boldsymbol{\alpha}^*$ 向量。

(3) 计算 $\boldsymbol{w}^* = \sum_{i=1}^n \alpha_i^* y_i \boldsymbol{x}_i$。

(4) 找出所有 S 个支持向量，即满足 $\alpha_S > 0$ 对应的样本 $(\boldsymbol{x}_S,\boldsymbol{y}_S)$，计算出每个支持向量 $(\boldsymbol{x}_S,\boldsymbol{y}_S)$ 对应的 $\boldsymbol{b}_S^*$。所有 $\boldsymbol{b}_S^*$ 对应的平均值即为最终的 $\boldsymbol{b}^*$。

这样，最终的分类超平面为 $\boldsymbol{w}^*\boldsymbol{x}+\boldsymbol{b}^*=0$，最终的分类决策函数为 $f(\boldsymbol{x}) = \mathrm{sgn}(\boldsymbol{w}^*\boldsymbol{x}+\boldsymbol{b}^*)$。

11.2.5　SVC 算法过程实例

SVM 算法可以用来分类，就是 SVC 算法；也可以用来预测或者用于回归，就是 SVR

算法。其中，SVC算法已广泛应用于生物信息学、物理学、化学、化学、天文学等许多重要领域。本书从UCI机器学习存储库(http://ida.first.fraunhofer.de/ projects / bench / benchmarks.htm)中选择了5个数据集，以说明SVC算法的实际应用。这5个数据集分别为癌症(威斯康星州乳腺癌数据)、糖尿病(Pima印第安人糖尿病数据)、心脏(心脏数据)、甲状腺(甲状腺疾病数据)和剪接(拼接连接基因序列数据)数据集。

表11.1中的第2~4列总结了有关数据集的一些特征。其中，Dimension表示样本的维数，Training和Testing分别表示每个数据集中训练样本和测试样本的数量。对于由数据库提供的前4个数据集和拼接数据集，分别执行重复的100次运行和20次运行，然后在表11.1的5~8列列出SVC算法的平均试验结果。C和σ分别是通过交叉验证选择的最优正则化和核参数；SV是支持向量的平均数；Accuracy表示相应的分类精度和方差。

由表11.1可见，SV的值通常小于训练样本的数量，这验证了该算法良好的稀疏性。此外，高精度显示了良好的分类性能。同时，相对较小的差异显示了SVC算法在实际应用中的良好稳定性。

表11.1 5个数据集的SVC算法的结果

Dataset	Dimension	Training	Testing	C	σ	SV	Accuracy
B.-cancer	9	200	77	1.519e+01	5.000e+01	138.80	0.7396±4.74
Diabetes	8	468	300	1.500e+01	2.000e+01	308.60	0.7647±1.73
Heart	13	170	100	3.162e+00	1.200e+02	86.00	0.8405±3.26
Thyroid	5	140	75	1.000e+01	3.000e+00	45.80	0.9520±2.19
Splice	60	1000	2175	1.000e+03	7.000e+01	762.40	0.8912±0.66

11.2.2节中，我们介绍了使用软间隔SVC算法来解决线性不可分割问题。与核映射相比，这显然是以不同的方式解决问题。软间隔使原始输入空间中的约束松弛，并允许存在一些错误。然而，当问题严重线性不可分割，错误分类率太高时，软间隔是不可行的。核函数通过核映射隐含地将数据映射到高维特征空间，使不可分离的问题成为可分离的。然而事实上，由于问题的复杂性，核映射并不能总是保证问题绝对可以线性分离。因此，在实践中，我们经常将它们结合起来，发挥两种技术的不同优势，来更有效地解决线性不可分割问题。因此，核软间隔SVC算法中约束优化问题的相应对偶形式如下：

$$\max_{\boldsymbol{\alpha}} W(\boldsymbol{\alpha}) = \sum_{i=1}^{n} \alpha_i - \frac{1}{2}\sum_{i=1}^{n}\sum_{j=1}^{n}\alpha_i\alpha_j \boldsymbol{y}_i \boldsymbol{y}_j k(\boldsymbol{x}_i, \boldsymbol{x}_j)$$

$$\text{s.t.} \sum_{i=1}^{n}\alpha_i \boldsymbol{y}_i = 0 \quad (11.32)$$

$$0 \leq \alpha_i \leq C \quad i=1,\cdots,N$$

按照类似的拉格朗日乘子法，可以得到最优分类器

$$f(\boldsymbol{x}) = \sum_{i=1}^{n}\alpha_i^* \boldsymbol{y}_i k(\boldsymbol{x}_i, \boldsymbol{x}) + \boldsymbol{b}^* \quad (11.33)$$

其中，$\boldsymbol{b}^* = 1 - \sum_{i=1}^{n}\alpha_i^* \boldsymbol{y}_i k(\boldsymbol{x}_i, \boldsymbol{x}_S)$；对于正支持向量，$\boldsymbol{y}_S = \pm 1$。

如图 11.2(a)所示，线性核中的硬间隔 SVC 算法在 XOR 问题中完全失败，线性间隔不能区分两类。可以看出，将所有样本分为两部分，这显然无法实现问题的分类目标。因此，我们使用软间隔 SVC 与径向基核来解决问题，即

$$k(x_i, x) = \exp\left(-\frac{\|x - x_i\|^2}{\sigma^2}\right)$$

我们修正正则化参数 $C = 1$ 和核参数 $\sigma = 1$，相应的判别间隔如图 11.2(b)所示。通过使用核映射，间隔不再是线性的，因为它现在只包含一个类别。通过判断间隔内外的样本，可以看出分类器能准确分类样本。

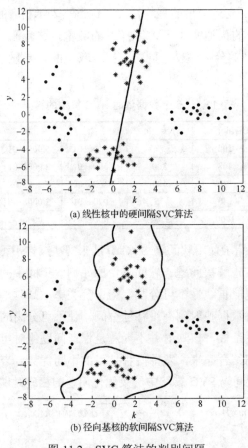

(a) 线性核中的硬间隔SVC算法

(b) 径向基核的软间隔SVC算法

图 11.2　SVC 算法的判别间隔

11.3　算法的 R 语言实现

11.3.1　svm 函数介绍

svm 函数训练支持向量机，通过改变 type、kernel 等参数，可以用来进行一般的回归和分类及密度估计。其主要函数参数介绍见表 11.2。

表 11.2　e1071 包中的 svm 函数参数

函数参数	svm(x, y = NULL, type= NULL, scale = TRUE, kernel ="radial", degree = 3, gamma = if (is.vector(x)) 1 else 1 / ncol(x), coef0 = 0, cost = 1, nu = 0.5, epsilon = 0.1,cross = 0, na.action = na.omit)
x	数据矩阵，数据向量，也可以是一个稀疏矩阵
y	结果标签，它既可以是字符向量也可以为数值向量
scale	将数据标准化、中心化，使其均值为 0、方差为 1；将自动执行
type	有 C-classification、nu-classification、one-classification、eps-regression 和 nu-regression 5 种类型
kernel	核函数。有线性核函数、多项式核函数、高斯核函数及神经网络核函数 4 个可选核函数
degree	核函数多项式内积函数中的参数，默认值为 3
gamma	核函数中除线性内积函数以外的所有函数的参数，默认值为 1
coef0	核函数中多项式内积函数与 sigmoid 内积函数中的参数，默认值为 0
cost	软间隔模型中的离群点权重
nu	用于 nu-regression、nu-classification 和 one-classification 类型中的参数
epsilon	回归中的参数 ε
cross	做 k 折交叉验证，计算分类正确性
na.cation	取 na.omit 表示忽略数据中带有缺失值的观测；取 na.fail 表示如果缺失观测则报错

11.3.2　标准分类模型

标准分类模型代码如下：

```
library(e1071);data(iris) ;attach(iris)   #数据集准备
model <- svm(Species ~ ., data = iris) # 标准分类模型
```

11.3.3　多分类模型

步骤 1，数据集准备：

```
x <- subset(iris, select = -Species) ;y <- Species
```

步骤 2，模型建立：

```
model <- svm(x,y);
```

步骤 3，模型展示：

```
summary(model)
pred <- predict(model, x)
table(pred, y)  # 预测结果的混淆矩阵
```

实验参数见表 11.3，实验结果见表 11.4。

表 11.3　svm(x,y)返回值

SVM-type	SVM-kernel	cost	gamma	epsilon	number of support vectors
eps-regression	radial	1	0.5	0.1	35

注：SVM—type 分类模型；SVM—kernel 核函数；cost—惩罚参数；gamma—核函数的参数；epsilon—回归中的参数 ε；number of support vectors—支持向量个数。

步骤 4，多分类可视化：

```
        plot(cmdscale(dist(iris[,-5])),cex.axis=1.5,col.axis='blue',col.lab
='red',cex.lab=1.5,cex.main=1.5,col=as.integer(iris[,5]),pch=c("o","+")[1:
150 %in% model$index + 1],main = "多分类可视化",xlab="Sepal",ylab="Species")
```

表 11.4 e1071 包 svm(x,y) 预测结果的混淆矩阵

predict original	setosa	versicolor	virginica
setosa	50	0	0
versicolor	0	48	2
virginica	0	2	48

结果如图 11.3 所示。

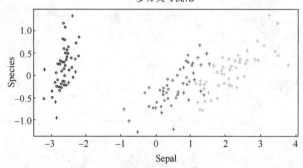

图 11.3 e1071 包多分类可视化

11.3.4 SVM 回归

步骤 1，数据集准备：

```
x <- seq(0.1, 5, by = 0.05) ;y <- log(x) + rnorm(x, sd = 0.2)
```

步骤 2，模型建立：

```
m <- svm(x, y) ;new <- predict(m, x) # 支持向量机 2 维回归模型
```

步骤 3，模型可视化：

```
    plot(x, y,main = "2 维回归模型可视化",cex.axis=1.5,col.axis= 'blue',
col.lab='red',cex.lab=1.5,cex.main=1.5)+points(x, log(x), col = 2,type='l')+
points(x, new, col = 4,type='l')# 回归模型建立与可视化
```

结果如图 11.4 所示。

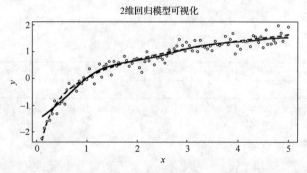

图 11.4 e1071 支持向量机回归可视化

11.3.5 SVM 拓展包（kernlab 包）

步骤 1，加载 kernlab 包：

```
library(kernlab)
```

步骤 2，数据集准备：

```
# svm <- ksvm(label~.,data,kernel,kpar,C,cross)
x <- rbind(matrix(rnorm(120),,2),matrix(rnorm(120,mean=3),,2));y <- matrix(c(rep(1,60),rep(-1,60)))
```

步骤 3，模型建立与展示：

```
svp <- ksvm(x,y,type="C-svc");svp
```

实验结果见表 11.5。

表 11.5　kernlab 包 ksvm(x,y) 预测结果的混淆矩阵

cost	hyperparameter	number of support vectors	objective function value	training error	cross validation error
C =1	sigma = 3.22	43	−11.035	0.00833	0.089993

注：hyperparameter—超参数；number of supporot vectors—支持向量个数；objective function value—目标函数值；training error—训练错误率；cross validation error—交叉验证错误率。

步骤 4，模型可视化：

```
plot(svp,data=x)#得到数据的散点分类示意图(如图 11.5 所示)
```

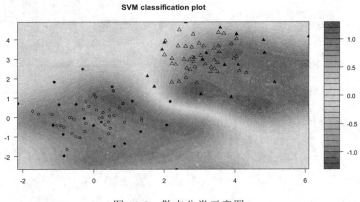

图 11.5　散点分类示意图

11.3.6　SVM 算法应用于 Iris 数据集（e1071 包）

在 R 软件中，可以使用 e1071 包所提供的各种函数来完成基于支持向量机的数据分析与挖掘任务。在使用相关函数之前，应安装并正确引用 e1071 包。e1071 包使用 libsvm 库中的优化方法。多分类通过一对一的投票机制（one-against-one voting scheme）实现。

下面仍以 Iris 数据集为例介绍它的用法：

```
library(lattice)
library(e1071)
xyplot(Petal.Length ~ Petal.Width, data = iris, groups = Species,auto.key=
list(corner=c(1,0)))
#在正式建模之前，我们通过一个图形来初步判定数据的分布情况
```

例如，我们已经知道，仅使用 Petal.Length 和 Petal.Width 这两个特征时，标记为 setosa 的鸢尾花卉 Versicolor 是线性可分的，所以可用下面的代码来构建 SVM 模型：

```
data("iris")
attach(iris)
subdata<-iris[iris$Species!='virginica',]
subdata$Species<-factor(subdata$Species)
model1<-svm(Species~Petal.Length+Petal.Width,data=subdata)
plot(model1,subdata,Petal.Length~Petal.Width)
```

Iris 数据集的 SVM 多分类结果如图 11.6 所示。

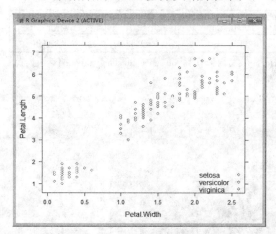 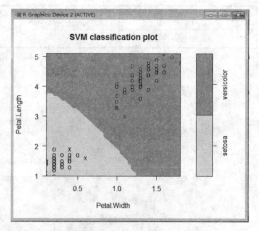

图 11.6　Iris 数据集的 SVM 多分类结果

11.3.7　SVM 算法应用于 Iris 数据集（kernlab 包）

kernlab 包介绍：ksvm 函数通过 Call 接口使用 bsvm 库和 libsvm 库中的优化方法，得以实现 SVM 算法。对于分类，有 C-SVM 分类算法和 v-SVM 分类算法，同时还包括 C 分类器的有界约束版本；对于回归，提供了 ε-SVM 回归算法和 v-SVM 回归算法；对于多分类，有一对一（one-against-one）方法和原生多分类方法，后文将会介绍。

使用 Iris 数据集的代码如下：

```
library(kernlab)
irismodel <- ksvm(Species ~ ., data = iris,
                  type = "C-bsvc", kernel = "rbfdot",
                  kpar = list(sigma = 0.1), C = 10,
                  prob.model = TRUE)
```

```
irismodel
predict(irismodel, iris[c(3, 10, 56, 68, 107, 120), -5], type = "probabilities")
#Ksvm支持自定义核函数，例如：
k <- function(x, y) { (sum(x * y) + 1) * exp(0.001 * sum((x - y)^2)) }
class(k) <- "kernel"
data("promotergene")
gene <- ksvm(Class ~ ., data = promotergene, kernel = k, C = 10, cross = 5)#训练
gene
#对于二分类问题，可以对结果用plot进行可视化，例子如下：
x <- rbind(matrix(rnorm(120), , 2), matrix(rnorm(120, mean = 3), , 2))
y <- matrix(c(rep(1, 60), rep(-1, 60)))
svp <- ksvm(x, y, type = "C-svc", kernel = "rbfdot", kpar = list(sigma = 2))
plot(svp)
```

plot 二分类可视化结果如图 11.7 所示。

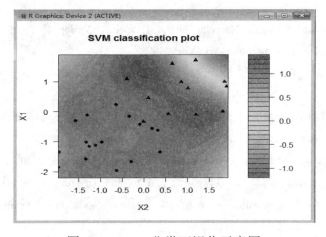

图 11.7 plot 二分类可视化示意图

11.4 小　　结

1. SVM 算法的主要优点

（1）SVM 算法是一种有坚实理论基础的新颖的小样本学习方法。它基本上不涉及概率测度及大数定律等，因此不同于现有的统计方法。从本质上看，它避开了从归纳到演绎的传统过程，实现了从训练样本到测试样本的高效"转导推理"，大大简化了分类和回归等问题的解决。

（2）SVM 算法的最终决策函数只由少数的支持向量所确定，计算的复杂性取决于支持向量的个数，而不是样本空间的维数，这在某种意义上避免了"维数灾难"。

（3）少数支持向量决定了最终结果，这不但可以帮助我们抓住关键样本、剔除大量冗余样本，而且注定了该方法算法简单，并具有较好的健壮性。

2．SVM 算法的主要缺点

(1)SVM 算法对大规模训练样本难以实施。由于 SVM 算法是借助二次规划来求解支持向量的，而求解二次规划将涉及 m 阶矩阵的计算（m 为样本的个数），当 m 很大时该矩阵的存储和计算将耗费大量的机器内存和运算时间。

(2)用 SVM 算法解决多分类问题存在困难。经典的 SVM 算法只给出了二分类的算法，而在数据挖掘的实际应用中，一般要解决多分类问题。可以通过多个二分类支持向量机的组合来解决，主要有一对多组合模式、一对一组合模式和 SVM 决策树，再就是通过构造多个分类器的组合来解决。主要原理是克服 SVM 算法固有的缺点，结合其他算法的优势，解决多分类问题分类精度低的问题。

(3)对缺失数据敏感。

参 考 文 献

[1] V Vapnik. the nature of statistical learning theory[M]. Springer Verlag, 1995.

[2] V Vapnik. statistical learning theory[M]. Wiley, 1998.

[3] B Schölkopf, C J C Burges, A J Smola. advances in kernel methods — support vector learning[M]. MIT Press, 1999.

[4] O Chapelle, P Haffner, V Vapnik. Support vector machines for histogrambased image classification[J]. IEEE Trans. on Neural Networks, 1999, 10(3.5): 1055-1064.

[5] C Cortes, V Vapnik. support vector networks[J]. Machine Learning, 1995, (20): 273-297.

[6] N Cristianini, C Campbell, J Shawe-Taylor. a multiplicative updating algorithm for training support vector machine[C]. In Proceedings of the 6th European Symposium on Artificial Neural Networks (ESANN), 1999.

[7] Kuhm H W, Tucker A W. nonlinear programming[C]. Proceeding of 2nd Berkerey Symposium, University of California Press, MR004303, 1951: 481-492.

第 12 章 案 例 分 析

12.1 关联规则案例分析

12.1.1 问题描述

Groceries 数据集是 arules 包中记录的某杂货店 1 个月的交易数据。该数据集共有 9835 条交易项，包含 169 种商品，每条交易项都包含一次消费过程中的商品信息。希望从 Groceries 数据集中提取出最具关联规则的商品信息，以方便商家改善销售策略、增加销售量。

12.1.2 R 语言实现过程

Apriori 算法可以较准确地提取出最具关联规则的商品信息，这些信息对商家制定销售策略十分有意义。

首先用 summary 函数对数据集进行一个简单的分析：

```
> library(arules)
> data("Groceries")
> summary(Groceries)
```

输出结果如下：

```
transactions as itemMatrix in sparse format with
 9835 rows (elements/itemsets/transactions) and
 169 columns (items) and a density of 0.02609146
most frequent items:
     whole milk  other vegetables      rolls/buns            soda          yogurt         (Other)
           2513              1903            1809            1715            1372           34055
```

从输出结果来看，Groceries 数据集共有 9835 条交易项(items)，包含 169 种商品。最受欢迎的 whole milk(全脂牛奶)一共交易了 2513 次，其次为交易了 1903 次的 other vegetables(其他蔬菜)、1809 次的 rolls/buns(面包卷)等。可以利用 inspect 函数展示 Groceries 数据集的前 5 条交易信息：

```
> inspect(Groceries[1:5])
   items
[1] {citrus fruit, semi-finished bread, margarine, ready soups}
[2] {tropical fruit, yogurt, coffee}
[3] {whole milk}
```

| [4] | {pip fruit, yogurt, cream cheese , meat spreads} |
| [5] | {other vegetables, whole milk, condensed milk, long life bakery product} |

在上面的 items 中，序号代表交易的顺序，序号后面记录的是该消费者所购买的商品。例如，第一个消费者购买了 citrus fruit（柑橘）、semi-finished bread（半成品面包）、margarine（人造黄油）和 ready soups（即食汤食）等 4 种商品。关联分析就是通过这些已有的消费信息挖掘潜在的购买行为，并将这些挖掘的信息应用到市场，进而对生产销售进行指导的过程。

在对数据集进行简单的介绍之后，下面详细介绍 R 语言挖掘 Groceries 中各种商品购买行为之间的关联性。主要使用的函数是 apriori 和 eclat。在关联规则中，支持度和置信度起了主要作用，这两个指标也是挖掘关联规则的关键。为了更清楚地展现这两个指标的作用，首先在 apriori 函数中设置较小的参数来观察结果信息。例如，可设置最小支持度（minsup）为 0.005、最小置信度（mincon）为 0.5，其他参数取默认值，并将所得关联规则名记为 R0：

```
> R0=apriori(Groceries, parameter=list(support=0.005,confidence=0.5))
```

输出结果如下：

```
Apriori
Parameter specification:
 confidence minval smax  arem  aval original Support maxtime support minlen
        0.5    0.1    1  none FALSE            TRUE       5   0.005      1
 maxlen target   ext
     10  rules FALSE
Algorithmic control:
 filter tree heap memopt load sort verbose
    0.1 TRUE TRUE  FALSE TRUE    2    TRUE
Absolute minimum support count: 49
set item appearances ...[0 item(s)] done [0.00s].
set transactions ...[169 item(s), 9835 transaction(s)] done [0.00s].
sorting and recoding items ... [120 item(s)] done [0.00s].
creating transaction tree ... done [0.00s].
checking subsets of size 1 2 3 4 done [0.00s].
writing ... [120 rule(s)] done [0.00s].
creating S4 object  ... done [0.00s].
```

从输出结果来看，Parameter specification（参数详解）部分指明了支持度（0.005）、置信度（0.5），Algorithmic control（算法控制）部分记录了算法的相关参数、Apriori 算法的信息和程序执行的细节。使用 inspect 函数查看 R0 的前 5 条规则组成：

```
> inspect(R0[1:5])
```

输出结果如下：

	lhs		rhs	support	confidence	lift	count
[1]	{baking powder}	=>	{whole milk}	0.009252669	0.5229885	2.046793	91

[2]	{other vegetables,oil}	=>	{whole milk}	0.005083884	0.5102041	1.996760 50
[3]	{root vegetables,onions}	=>	{other vegetables}	0.005693950	0.6021505	3.112008 56
[4]	{onions,whole milk}	=>	{other vegetables}	0.006609049	0.5462185	2.822942 65
[5]	{other vegetables,hygiene articles}	=>	{whole milk}	0.005185562	0.5425532	2.123363 51

从输出结果可以得知，没有发现 R0 中关联规则的关联性强度与支持度(support)、置信度(confidence)和提升度(lift)取值的大小有明显的关系。面对这些杂乱无章的信息，还不能快速获取最强关联规则等重要信息。因此，可以考虑选择生成其中关联性较强的若干条规则。

目前常用的方法是通过提高支持度或置信度的值来筛选，但这是一个需要不断调整参数的过程。如果参数阈值设定较高，那么很容易丢失有用的信息；反之，则生成的规则数量很大，不利于信息筛选。最终关联规则强度的强弱需要根据使用者的需要来决定。下面尝试通过改变参数来筛选前 5 条关联规则。参数调整见表 12.1。

表 12.1 参数调整

参数 关联规则	支持度(support)	置信度(confidence)
R0	0.005	0.5
R1	0.005	0.6
R2	0.005	0.7
R3	0.001	0.5
R4	0.002	0.5
R5	0.003	0.5

12.1.3 不同参数的 Apriori 模型

根据表 12.1 中的参数分别建立模型：

```
> R0 =apriori(Groceries, parameter=list(support=0.005,confidence=0.5))
> R1 =apriori(Groceries,parameter=list(support=0.005,confidence=0.6))
> R2 =apriori(Groceries,parameter=list(support=0.005,confidence=0.7))
> R3 =apriori(Groceries,parameter=list(support=0.001,confidence=0.5))
> R4 =apriori(Groceries,parameter=list(support=0.002,confidence=0.5))
> R5 =apriori(Groceries,parameter=list(support=0.003,confidence=0.5))
```

输出结果(规则数量)见表 12.2。

表 12.2 规则数量列表

	R0	R1	R2	R3	R4	R5
规则数量	120	22	1	5668	1098	421

结合表 12.1 和表 12.2 来看，支持度相同时，置信度越大则关联规则数量越少；置信度相同时，支持度越大所得到的关联规则数量也越少。总之，随着支持度和置信度越来越大，所输出的关联规则数量越少。

1. 通过支持度控制

按照支持度选出前 5 条强关联规则：

```
> R0.sup=sort(R0, by="support")
> inspect(R0.sup[1:5])
```

输出结果如下：

	lhs	rhs	support	confidence	lift	count
[1]	{other vegetables,yogurt}	=> {whole milk}	0.02226741	0.5128806	2.007235	219
[2]	{tropical fruit,yogurt}	=> {whole milk}	0.01514997	0.5173611	2.024770	149
[3]	{other vegetables,whipped}	=> {whole milk}	0.01464159	0.5070423	1.984385	144
[4]	{root vegetables,yogurt}	=> {whole milk}	0.01453991	0.5629921	2.203354	143
[5]	{pip fruit,other vegetables}	=> {whole milk}	0.01352313	0.5175097	2.025351	133

从输出结果可以看出，这 5 条关联规则是按照支持度的大小从高至低排列出来的。通过这种控制规则强度的方式能够找出强支持度的前几条规则。在对某一指标要求比较苛刻的时候，可以考虑利用该方式控制输出的规则。

2. 通过置信度控制

与支持度控制类似，按照置信度选出前 5 条强关联规则：

```
> R0.con=sort(R0, by="confidence")
> inspect(R0.con[1:5])
```

输出结果如下：

	lhs	rhs	support	confidence	lift	count
[1]	{tropical fruit, root vegetables, yogurt}	=> {whole milk}	0.005693950	0.7000000	2.739554	56
[2]	{pip fruit, root vegetables, other vegetables}	-> {whole milk}	0.005490595	0.6750000	2.641713	54
[3]	{butter, whipped/sour cream}	=> {whole milk}	0.006710727	0.6600000	2.583008	66
[4]	{pip fruit, whipped/sour cream}	=> {whole milk}	0.005998983	0.6483516	2.537421	59
[5]	{butter, yogurt}	=> {whole milk}	0.009354347	0.6388889	2.500387	92

由输出结果得到了 5 条置信度到达或接近 70%的关联规则。例如，第一条规则：购买了 tropical fruit（热带水果）、root vegetables（根用蔬菜）和 yogurt（酸奶）的消费者，都购买了 whole milk（全脂牛奶）。这是一条相当有用的关联规则，所以正如我们所见的那样，这些食品在超市中往往摆放得很近。

3. 通过提升度控制

按 lift 值进行升序排列，并输出前 5 条关联规则：

```
> R0.lift=sort(R0, by="lift")
> inspect(R0.lift[1:5])
```

输出结果如下:

	lhs	rhs	support	confidence	lift	count
[1]	{tropical fruit,curd}=>	{yogurt}	0.005287239	0.5148515	3.690645	52
[2]	{citrus fruit,root vegetables,whole milk} =>	{other vegetables}	0.005795628	0.6333333	3.273165	57
[3]	{pip fruit,root vegetables,whole milk} =>	{other vegetables}	0.005490595	0.6136364	3.171368	54
[4]	{pip fruit,whipped/sour cream} =>	{other vegetables}	0.005592272	0.6043956	3.123610	55
[5]	{root vegetables,onions} =>	{other vegetables}	0.005693950	0.6021505	3.112008	56

由输出结果可以知道,lift 对筛选关联规则指标十分关键。能够清晰地看到,强度最高的关联规则为{tropical fruit,curd}=>{yogurt},其次为{citrus fruit, root vegetables, whole milk}=>{other vegetables}。

一个有趣的猜想是,形成如此强关联性的购物行为的消费者可能是家庭主妇,为了保证全家人的基本生活的需要,大量采购水果、蔬菜和牛奶等日常食物。

超市往往会有商品捆绑销售的情况。例如,想要促销一种冷门商品,如芥末(mustard),可以将函数 apriori 中的 rhs 参数设置为"mustard",那么搜索出的 rhs 中就仅包含商品"mustard"的关联规则,从而有效地找到与"mustard"有强关联的商品作为捆绑商品。代码如下:

```
>R6=apriori(Groceries,parameter=list(maxlen=3,supp=0.001,conf=0.1),
appearance= list(rhs='mustard',default='lhs'))
> inspect(R6)
```

输出结果如下:

	lhs	rhs	support	confidence	lift	count
[1]	{mayonnaise} =>	{mustard}	0.001423488	0.1555556	12.96516	14
[2]	{whole milk,oil} =>	{mustard}	0.001220132	0.1081081	9.010536	12

将参数 maxlen 设为"3",表明需要查找的是两种和"mustard"销售比较紧密的商品。上面的输出结果显示,mayonnaise(蛋黄酱)与 mustard(芥末)是具有最强关联性的商品,其次是 whole milk(全指牛奶)和 oil(油),因此可以根据实际情况考虑制定一个合适的共同购买价格,把这些商品捆绑起来进行销售。

apriori 和 eclat 函数都可以根据需要输出频繁项集(frequent itemsets)等其他形式的结果。例如,若想知道某超市月销量最高的商品或者哪些捆绑销售策略作用最显著等,则可以选择输出给定条件下的频繁项集:

```
>item_ecl=eclat(Groceries,parameter=list(minlen=1,maxlen=3,supp=0.
001,target= 'frequent itemsets'),control=list(sort=-1))
> item_ecl
> inspect(item_ecl[1:5])
```

输出结果如下：

set of 9969 itemsets			
	items	support	count
[1]	{whole milk,honey}	0.001118454	11
[2]	{whole milk,cocoa drinks}	0.001321810	13
[3]	{whole milk,pudding powder}	0.001321810	13
[4]	{tidbits,rolls/buns}	0.001220132	12
[5]	{tidbits,soda}	0.001016777	10

从上面的结果来看，输出结果中的 whole milk（全脂牛奶）和 cocoa drinks（可可饮料），以及 whole milk（全脂牛奶）与 pudding power（布丁粉）成为共同出现最为频繁的两组商品，可以考虑采取相邻摆放的营销策略。下面尝试用图形显示关联分析结果，这里需要用到 R 软件的扩展包 arulesViz：

```
> install.packages(arulesViz)   #首先安装 arulesViz 包
> library(arulesViz)   #加载 arulesViz
> R7=apriori(Groceries,parameter=list(supp=0.005,conf=0.5))#设置支持度为 0.005，置信度为 0.5
> plot(R7,cex.main=1.0,cex=1.3)
```

关联分析结果（120 规则下的散点图）如图 12.1 所示。

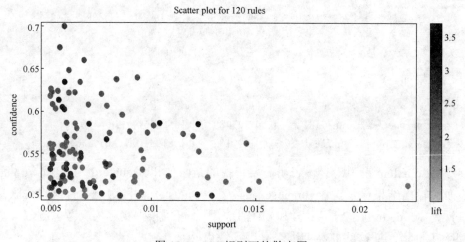

图 12.1　120 规则下的散点图

图 12.1 中的横坐标为支持度，纵坐标为置信度，关联规则点的颜色由 lift 值决定。虽然从图中可以看出大量规则的参数的取值分布情况，但不足之处是并不能具体得知这些规则对应的是哪些商品，以及它们的关联强度等信息。可通过设置 interactive（互动）参数来弥补这一缺陷，代码如下：

```
> plot(R7,cex=1.3,interactive=TRUE)
```

输出结果（不同关联强度的 120 规则下的散点图）如图 12.2 所示。

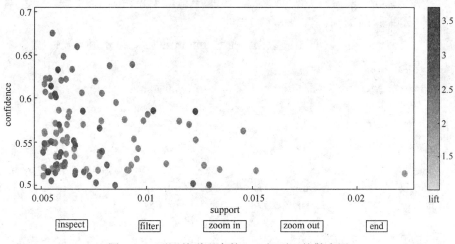

图 12.2 不同关联强度的 120 规则下的散点图

在图 12.2 中单击"filter"(过滤)按钮后,再单击图形右侧 lift 颜色条中的某处,即可将小于 lift 值的关联规则点都过滤掉。图 12.2 为过滤掉 lift 值小于 2 的点后的散点图。另外,还可以设置 method 参数为"grouped",来绘制一种特殊的散点图。横纵坐标依然分别为支持度和置信度,而关联规则点的颜色深浅则表示其所代表的关联规则中含有商品种类的多少,商品种类越多,点的颜色越深。

12.1.4 小结

本例在 Apriori 算法运行过程中,应用 Groceries 数据集进行了关联规则分析,发现了在商品销售中捆绑销售的策略,可以很好地帮助商家销售商品。但是也发现了一些问题,如支持度和置信度的取值问题,要结合实际情况进行取值。

Apriori 算法的应用非常广泛,但是在运算的过程中会产生大量候选集,而且要进行支持度计数的统计操作,在匹配时要进行整个数据库的扫描,这在小规模的数据操作中不会有大问题,但如果是运行大型的数据库,则效率还是有待提高的。

12.2 kNN 算法案例分析

12.2.1 问题描述

kknn 软件包中的 miete 数据集记录了 1994 年影响慕尼黑住房租金标准的一些变量,如房子的面积、是否有浴室、是否有中央供暖、是否供应热水等。请利用现有的数据进行房屋的分类,为确定对应的住房租金提供参考。

12.2.2 R 语言实现过程

首先,将数据集进行预处理,剔除 miete 数据集中含义重复的第 1、3、12 个变量,并将第 15 个变量(nmkat)看作待判别变量。可使用这些数据建立 kNN 模型,并通过对 k 值的讨论来描述房屋的类别。

现在,加载 kknn 包,读取相关数据,描述 miete 数据集的分布情况:

```
> library(kknn)    #加载 kknn 包
> data(miete)      #加载 miete 数据集
> summary(miete)   #描述 miete 数据集
```

输出结果如下:

	nm		wfl		bj	bad0	zh	ww0
Min.	:127.1	Min.	:20.00	Min.	:1800	0:1051	0:202	0:1022
1st Qu.	:543.6	1st Qu.	:50.25	1st Qu.	:1934	1:31	1:880	1:60
Median	:746.0	Median	:67.00	Median	:1957			
Mean	:830.3	Mean	:69.13	Mean	:1947			
3rd Qu.	:1030.0	3rd Qu.	:84.00	3rd Qu.	:1972			
Max.	:3130.0	Max.	:250.00	Max.	:1992			

badkach	fenster	kueche		mvdauer	bjkat	wflkat		nmqm
0:446	0:1024	0:980	Min.	:0.00	1:218	1:271	Min.	:1.573
1:636	1:58	1:102	1st Qu.	:2.00	2:154	2:513	1st Qu.	:8.864
			Median	:6.00	3:341	3:298	Median	:12.041
			Mean	:10.63	4:226		Mean	:12.647
			3rd Qu.	:17.00	5:79		3rd Qu.	:16.135
			Max.	:82.00	6:64		Max.	:35.245

	rooms	nmkat	adr	wohn
Min.	:1.000	1:219	1:25	1:90
1st Qu.	:2.000	2:230	2:1035	2:673
Median	:3.000	3:210	3:22	3:319
Mean	:2.635	4:208		
3rd Qu.	:3.000	5:215		
Max.	:9.000			

通过对输出数据的分析,在数据集中剔除含义重复的第 1、3、12 个变量,选取余下的 14 个变量进行处理。其中,选择第 15 个变量(nmkat)作为待判别变量,原因有二:其一,该变量在含义上受其他各变量的影响,为被解释变量;其二,由 summary 输出结果可知,nmkat 共含有 5 个类别等级,其相应样本量依次为 219、230、210、208、215,即每类的样本量都为 200 多个,分布较为均匀。

为了优化判别的效果,考虑采用分层抽样的方式,由于前面所说的待判别变量 nmkat 的样本取值在 5 个等级中分布均匀,因此在分层抽样过程中对这 5 个等级抽取等量样本。具体代码如下:

```
> library(sampling)    #加载 sampling 包
> n=round(2/3*nrow(miete)/5)
     #按照训练集占数据总量 2/3 计算每一等级应抽取的样本数
> sub_train=strata(miete,stratanames="nmkat",size=rep(n,5),method=
"srswor")   #以 nmkat 变量的 5 个等级划分层次,进行分层抽样
```

```
> miete_train=miete[,c(-1,-3,-12)][sub_train$ID_unit,]
    #获取如上 ID_unit 所对应的样本构成训练集，并剔除第 1、3、12 个变量
> miete_test=miete[,c(-1,-3,-12)][-sub_train$ID_unit,]
    #获取除了 ID_unit 对应样本之外的数据构成测试集，并剔除第 1、3、12 个变量
```

以上对数据集进行了预处理，下面将利用 kNN 算法进行挖掘。kNN 算法的核心函数 knn 将"建模"和"预测"这两个步骤集于一体，无须在模型建立后再使用 predict 函数进行预测，可由 knn 函数一步实现。代码如下：

```
> library(class)  #加载 class 包
```

按照次序向 knn 函数中依次放入训练集中各属性变量(除第 12 个变量 nmkat)、测试集(除第 12 个变量 nmkat)、训练集中的判别变量(第 12 个变量 nmkat)，并首先取 k 的默认值 1 进行判别：

```
> knn_pre=knn(data_train[,-12],data_test[,-12],cl=data_train[,12])
#建立 k 最近邻判别规则，并对测试集样本进行预测
> knn_pre
```

输出结果如下：

```
  [1] 4 5 2 3 5 2 2 4 3 2 2 1 4 5 3 2 1 2 1 1 5 4 3 5 2 2 2 3 2 4 3 4 5 1 2 2 1 1 1 2 5 2 3 1 2
 [46] 4 4 5 5 4 5 3 5 3 5 1 1 3 1 2 1 1 4 4 2 2 3 5 2 3 2 4 5 1 2 3 4 3 1 4 2 2 3 5 2 4 1 2 2 2
 [91] 4 1 1 2 2 3 4 1 5 2 1 1 3 1 1 3 5 1 3 4 2 1 5 2 4 5 5 3 5 2 2 2 3 2 4 2 2 3 4 3 2 5 3 3
[136] 1 5 5 1 1 2 3 5 4 2 3 1 5 2 5 3 3 5 3 4 4 2 2 1 2 1 1 5 2 2 5 1 3 3 4 3 5 3 2 1 1 1 1 3 4
[181] 2 5 2 2 2 4 2 4 5 2 2 5 5 4 5 2 2 5 1 2 3 1 4 3 1 3 2 3 2 4 2 1 2 1 4 1 4 5 5 3 4 2 5 5 4
[226] 5 1 5 3 5 3 5 1 4 2 2 4 1 3 3 3 4 1 1 3 4 4 1 2 5 5 4 2 3 2 4 2 3 3 2 2 3 3 4 5 2 4 4 5 1
[271] 1 3 2 5 1 2 2 4 2 5 3 4 1 2 1 2 1 2 4 4 5 5 2 2 4 2 2 1 5 5 4 4 3 5 1 4 2 5 2 3 5 4 4 1 2
[316] 5 5 5 2 1 4 3 3 2 5 2 5 4 1 5 2 5 3 4 2 4 1 3 4 2 4 3 3 3 3 2 3 4 4 4 2 5 2 2 3 2 5 2 3 5
[361] 3 3
Levels: 1 2 3 4 5
```

由如上两条简单的程序即可得到想要的预测结果，下面进一步查看预测效果。

```
> table(miete_test$nmkat,knn_pre)   #混淆矩阵
```

输出结果如下：

```
   knn_pre
     1   2   3   4   5
 1  53  22   0   0   0
 2  12  54  18   2   0
 3   0  17  36  12   1
 4   1   4  11  43   5
 5   1   0   0   6  64
```

由混淆矩阵可以看到，nmkat 的 5 个类别分别有 53、54、36、43、64 个样本被正确分类，第 5 类被正确分类的样本最多。

```
>knn_error=sum(as.numeric(as.numeric(knn_pre)!=as.numeric(miete_tes
t$nmkat)))/nrow(miete_test)
> knn_error
```

输出结果为 0.320442。

当 k 取 1 时,k 最近邻的预测错误率仅为 0.32,这与数据集的特点密不可分,在其他数据集中可能是另一种算法表现更优。在实际中需注意针对不同数据集选取使用不同的挖掘算法。下面通过调整 k 的取值,找出最适合于该数据集的 k 值,将寻找范围控制在 1~20,由如下 for 循环程序实现:

```
> knn_error=rep(0,20)
> for(i in 1:20)
+ knn_pre=knn(miete_train[,-12],miete_test[,-12],cl=miete_train[,12],k=i)
> for(i in 1:20)
+ {
+ knn_pre=knn(miete_train[,-12],miete_test[,-12],cl=miete_train[,12],k=i)
+knn_error[i]=sum(as.numeric(as.numeric(knn_pre)!=as.numeric(miete_
test$nmkat)))/nrow(miete_test)
+ }
> knn_error
> plot(knn_error,type="l",xlab="K",main="error-K值折线图")
```

输出结果如下:

```
 [1] 0.2983425 0.3729282 0.3149171 0.3397790 0.3232044 0.3259669 0.3397790
 [8] 0.3453039 0.3591160 0.3674033 0.3839779 0.3701657 0.3922652 0.4088398
[15] 0.4033149 0.4033149 0.3812155 0.3812155 0.3812155 0.3867403
```

plot 函数绘制的图形如图 12.3 所示。

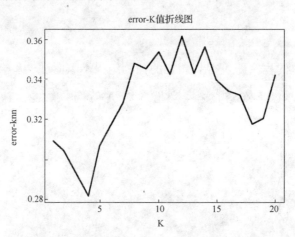

图 12.3　plot 函数绘制的 error-k 值折线图

12.2.3　小结

虽然 kNN 算法是一种简单高效的算法,但它也有缺陷。在样本不平衡(某些类别的样本容量很大，但其他类别的样本容量很小）的时候，有可能导致在输入一个新样本时，该样本的 k 个最近邻样本中大容量类别的样本占多数。

这种情况可以使用有权重的 k 最近邻算法来改进。例如，使用 kknn 函数来实现有权重的 k 最近邻算法，虽然它与 knn 函数一样，都是将训练集与测试集一起放入函数，但格式上略有不同，需注意 kknn 是公式（formula）格式的函数，读者可以自行了解。

12.3　Naive Bayes 算法案例分析

12.3.1　问题描述

miete 数据集记录了 1994 年影响慕尼黑住房租金标准的一些变量，如房子的面积、是否有浴室、是否有中央供暖、是否供应热水等。请利用现有的数据，进行房屋的分类，为确定对应的住房租金提供参考。

12.3.2　R 语言实现过程

本节使用 Naive Bayes 算法对房屋数据进行分类。数据的预处理过程同 kNN 建模过程。首先加载 klaR 包，读取相关数据：

```
> library(klaR)  #加载 klaR 包
> data(miete)  #加载 miete 数据集
```

在 miete 数据集中剔除含义重复的第 1、3、12 个变量，取余下的 14 个变量进行处理，选择第 15 个变量（nmkat）作为待判别变量。为了优化判别的效果，考虑采用分层抽样的方式。具体代码如下：

```
> library(sampling)  #加载 sampling 包
> n=round (2/3*nrow(miete)/5)  #按照训练集占数据总量 2/3 计算每一等级应抽取的样本数
> sub_train=strata(miete,stratanames="nmkat",size=rep(n,5),method="srswor")  #以 nmkat 变量的 5 个等级划分层次，进行分层抽样
> miete_train=miete[,c(-1,-3,-12)][sub_train$ID_unit,]    #获取如上 ID_unit 所对应的样本构成训练集，并剔除第 1、3、12 个变量
> miete_test=miete[,c(-1,-3,-12)][-sub_train$ID_unit,]    #获取除了 ID_unit 所对应样本之外的数据构成测试集，并剔除第 1、3、12 个变量
```

下面使用 miete_train 与 miete_test 建立 Naive Bayes 模型。具体代码如下：

```
> m_Bayes=NaiveBayes(nmkat~.,miete_train)  #建立 Naive Bayes 模型
> m_Bayes$apriori  #得到 miete 数据集的分布情况（先验概率）
```

输出结果如下：

```
grouping
  1   2   3   4   5
0.2 0.2 0.2 0.2 0.2
```

在 tables 项中储存了所有变量在各类别下的条件概率，这是使用 Naive Bayes 算法的

一个重要过程：

```
> m_Bayes$tables
```

输出结果如下：

$wfl			$bad0			$zh		
	[,1]	[,2]	grouping	0	1	grouping	0	1
1	55.66667	25.20767	1	0.9166667	0.083333333	1	0.39583333	0.6041667
2	60.27083	21.14625	2	0.9791667	0.020833333	2	0.19444444	0.8055556
3	66.13194	18.63310	3	0.9722222	0.027777778	3	0.16666667	0.8333333
4	72.91667	21.94446	4	0.9861111	0.013888889	4	0.09722222	0.9027778
5	90.31944	29.62201	5	1.0000000	0.00000000	5	0.05555556	0.9444444
...								

可以从 tables 项的输出结果中挖掘出许多重要信息。例如，变量 bad0 部分记录了"是否有浴室"变量在各租金等级下分别取 0(有浴室)和 1(无浴室)的概率。具体地，在等级 1(不足 500 欧元)的租金水平下，有浴室的约占 91.7%，无浴室的约占 8.3%，而且可以看到这两列数据在各租金水平下的取值差异并不大，最贵的房子(等级 5)中 100%有浴室，而最便宜的房子(等级 1)中也约有 100%配有浴室。由此可以认为，浴室基本是出租房屋的必备条件，是一种硬需求，对租金的高低不起决定性作用。按照得到的判别规则 fit_Bayes，以参与规则建立的其中 3 个定量变量为例来查看其密度图像。这 3 个变量分别为 wfl(占地面积)、mvdauer(租赁期)和 nmqm(每平方米净租金)。代码如下：

```
> plot(m_Bayes,vars="wfl",n=50,col=c(1,"darkgrey",1,"darkgrey",1))
> plot(m_Bayes,vars="mvdauer",n=50,col=c(1,"darkgrey",1,"darkgrey",1))
> plot(m_Bayes,vars="nmqm",n=50,col=c(1,"darkgrey",1,"darkgrey",1))
```

分别绘制的密度图如图 12.4 所示。

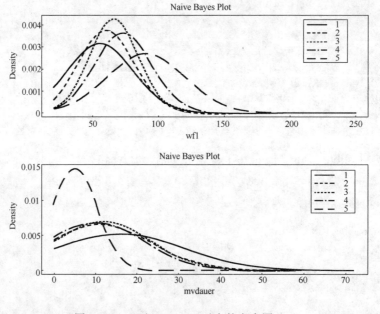

图 12.4　wfl 和 mvdauer 对应的密度图

下面以混淆矩阵和错误率来评价贝叶斯判别的预测效果。首先，根据 fit_Bayes 2 判别规则对测试集进行预测：

```
> m_Bayes2=NaiveBayes(miete_train[,-12],miete_train[,12])  #建立 Naïve Bayes 模型
> Bayes2_pre=predict(m_Bayes2,miete_test)    #对 data_test 数据集进行预测
> Bayes2_pre    #预测结果
```

输出结果如下：

```
$class
   4    6   10   16   18   20   21   22   28   29   31   33   35   39   40
   5    5    4    4    5    2    5    2    3    1    1    2    3    5    2
  43   46   48   62   63   66   67   69   72   76   80   81   88   90   96
   2    1    2    1    1    5    3    2    4    2    2    2    4    2    3
  98  101  103  104  108  111  112  115  116  121  124  128  129  131  137
   4    4    5    1    1    3    3    4    3    1    4    5    4    1    2
...
Levels:1 2 3 4 5
$posterior
              1             2             3             4             5
 4   4.515104e-03  2.457658e-02  2.752915e-01  3.415234e-01  3.540934e-01
 6   2.266615e-03  7.795318e-02  7.685189e-02  3.491987e-01  4.937296e-01
10   5.644054e-03  4.455881e-02  1.365835e-01  4.362150e-01  3.769986e-01
16   1.576748e-02  2.650919e-01  1.875725e-01  4.129832e-01  1.185849e-01
18   9.817483e-08  5.458964e-07  7.360158e-04  2.447068e-02  9.747927e-01
20   2.636853e-01  5.500443e-01  1.829789e-01  2.617390e-03  6.741221e-04
...
```

预测的输出结果包括预测类别 class 和预测过程中各样本所属类别的后验概率 posterior 这两项，且每个样本属于各类别的后验概率最高者为该样本被判定的类别。例如，4 号样本以 0.3541 的后验概率为最高，被判定为类别 5。

其次，预测结果的混淆矩：

```
> table(miete_test$nmkat,Bayes2_pre$class)  #预测结果的混淆矩阵
```

输出结果如下：

```
      1    2    3    4    5
  1  50   20    4    0    1
  2  15   35   21   10    5
  3  13   14   18   16    5
  4   4    1   18   27   14
  5   0    0    8   16   47
```

由混淆矩阵可以看出，第 1~5 类中分别有 50、35、18、27、47 个样本被正确分类。其中，第 1、5 类中的大部分样本被正确分类，而差异性较小的第 2、3 类中没有被正确分类。

最后，计算错误率，代码如下：

```
>E_Bayes2=sum(as.numeric(as.numeric(Bayes2_pre$class)!=as.numeric(m
iete_test$nmkat)))/nrow(miete_test) #计算错误率
    > E_Bayes2
```

输出结果如下:

0.5110497

12.3.3 小结

通过贝叶斯分类可以看到,预测错误率约为 51.1%,分类效果基本等同于"猜测"。虽然朴素贝叶斯模型发源于古典数学理论,有着坚实的数学基础,但分类效率比 kNN 算法低了很多。

影响分类效果的原因是贝叶斯分类需要数据的变量满足独立的前提条件,而且还需要统计出先验概率,如果这些变量间的相关性较显著,就会在很大程度上影响预测效果的好坏。

12.4 CART 算法案例分析

12.4.1 问题描述

rpart 包中的 car.test.frame 数据集是部分汽车在一段使用时期内的参考数据。该数据集包含 Price(价格)、Country(产地)、Reliability(可靠性)、Mileage(英里数)、Type(类型)、Weight(车重)、Disp(发动机功率)和 HP(净马力)等 8 个参数。请根据这些参数估计不同品牌汽车的油耗水平。

12.4.2 R 语言实现过程

将 car.test.frame 数据集中样本的 3/4 作为训练集,剩下的 1/4 作为测试集。通过建立决策树模型,将汽车品牌作为因子型变量,对测试数据集进行分级,这样就可以得到不同品牌汽车的油耗水平。

本节选用 rpart 包中的 car.test.frame 数据集来进行决策树的 R 语言实现。首先探索数据集的基本特点:

```
> library(rpart)           #加载 rpart 包
> data(car.test.frame)     #加载数据
> head(car.test.frame)     #查看数据
```

部分汽车使用的参数如下:

	Price	Country	Reliability	Mileage	Type	Weight	Disp	HP
Eagle Summit 4	8895	USA	4	33	Small	2560	97	113
Ford Escort 4	7402	USA	2	33	Small	2345	114	90
Ford Festiva 4	6319	Korea	4	37	Small	1845	81	63

Honda Civic 4	6635	Japan/USA	5	32	Small	2260	91	92
Mazda Protege 4	6599	Japan	5	32	Small	2440	113	103
Mercury Tracer 4	8672	Mexico	4	26	Small	2285	97	82

该数据集共有 8 个变量，Price（价格）、Country（产地）、Reliability（可靠性）、Mileage（英里数）、Type（类型）、Weight（车重）、Disp（发动机功率）和 HP（净马力）。通过 names 函数可以将变量名称改为中文，代码如下：

```
> car.test.frame$Mileage=100*4.596/(1.6*car.test.frame$Mileage)   #将 Mileage（英里数）的取值换算为"油耗"指标
> names(car.test.frame)=c('价格','产地','可靠性','油耗','类型','车重','发动机功率','净马力')
> head(car.test.frame)
```

输出结果如下：

	价格	产地	可靠性	油耗	类型	车重	发动机功率	净马力
Eagle Summit 4	8895	USA	4	8.704545	Small	2560	97	113
Ford Escort 4	7402	USA	2	8.704545	Small	2345	114	90
Ford Festiva 4	6319	Korea	4	7.763514	Small	1845	81	63
Honda Civic 4	6635	Japan/USA	5	8.976562	Small	2260	91	92
Mazda Protege 4	6599	Japan	5	8.976562	Small	2440	113	103
Mercury Tracer 4	8672	Mexico	4	11.048077	Small	2285	97	82

探索内部数据结构：

```
> str(car.test.frame)
```

输出结果如下：

```
'data.frame': 60 obs. of  8 variables:
 $ 价格      :int  8895 7402 6319 6635 6599 8672 7399 7254 9599 5866 …
 $ 产地      :Factor w/ 8 levels "France","Germany",..:8 8 5 4 3 6 4 5 3 3 …
 $ 可靠性    :int  4 2 4 5 5 4 5 1 5 NA …
 $ 油耗      :num  8.7 8.7 7.76 8.98 8.98 …
 $ 类型      :Factor w/ 6 levels "Compact","Large",..:4 4 4 4 4 4 4 4 4 4 …
 $ 车重      :int  2560 2345 1845 2260 2440 2285 2275 2350 2295 1900 …
 $ 发动机功率:int  97 114 81 91 113 97 97 98 109 73 …
 $ 净马力    :int  113 90 63 92 103 82 90 74 90 73 …
```

从输出结果可知，这些数据来自 8 个"产地"，涉及 6 种"类型"。

以"油耗"为目标变量。为了使用这个数据集来构建以离散型和连续型变量为各自目标变量的分类树和回归树，考虑将"油耗"划分为 3 个组别，A：11.6~15.8、B：9~11.6 及 C：7.7~9，将原始数据中的变量"油耗"转化为新的变量"分组油耗"（如 A、B、C）：

```
> Data_Mileage=matrix(0,60,1)   #设矩阵 Data_Mileage 用于存放新变量
> Data_Mileage[which(car.test.frame$'油耗'>=11.61)]='A'   #将"油耗"在 11.6~15.8 区间的样本 Data_Mileage 值设置为 A
> Data_Mileage[which(car.test.frame$'油耗'<=9)]='C'   #将"油耗"在 7.7~9 区间的样本 Data_Mileage 值设置为 C
> Data_Mileage[which(Data_Mileage==0)]='B'   #将"油耗"不在 A、C 区间的样本 Data_Mileage 值设置为 B
```

```
> car.test.frame$"分组油耗"=Data_Mileage    #在car.test.frame数据集中添
加新变量"分组油耗",取值为Data_Mileage
> car.test.frame[1:10,c(4,9)]      #查看预处理后car.test.frame数据集中
"油耗"及"分组油耗"变量的前10行数据
```

输出结果如下:

	油耗	分组油耗
Eagle Summit 4	8.704545	C
Ford Escort 4	8.704545	C
Ford Festiva 4	7.763514	C
Honda Civic 4	8.976562	C
Mazda Protege 4	8.976562	C
Mercury Tracer 4	11.048077	B
Nissan Sentra 4	8.704545	C
Pontiac LeMans 4	10.258929	B
Subaru Loyale 4	11.490000	B
Subaru Justy 3	8.448529	C

为了比较各决策树算法,现将数据集分为训练集(Car_train)和测试集(Car_test),设两者的比例为3:1,用训练集的样本建立决策树模型,另外1/4的样本作为测试集。使用sampling包中的strata函数进行分层抽样:

```
> a=round(1/4*sum(car.test.frame$"分组油耗"=="A"))#计算A组中的测试集样
本,记为a
> b=round(1/4*sum(car.test.frame$"分组油耗"=="B"))#计算B组中的测试集样
本,记为b
> c=round(1/4*sum(car.test.frame$"分组油耗"=="C"))#计算C组中的测试集样
本,记为c
>sub=strata(car.test.frame,stratanames="分组油耗",size=c(c,b,a),
method="srswor")
#car.test.frame中的"分组油耗"变量进行分层抽样
> Car_train=car.test.frame[-sub$ID_unit,]      #生成训练集Car_train
> Car_test=car.test.frame[sub$ID_unit,]        #生成测试集Car_test
```

下面开始使用rpart函数,用除"分组油耗"以外的所有变量来对"油耗"建立决策树,且选择树的类型为回归树,即method="anova":

```
> formula_Car_Reg=油耗~价格+产地+可靠性+类型+车重+发动机功率+净马力
> Car_Reg=rpart(formula_Car_Reg,Car_train,method="anova")
> Car_Reg
```

输出结果如下:

```
node), split, n, deviance, yval
      * denotes terminal node
1) root 45 224.79670 12.147890
   2) 发动机功率< 134 17   17.93407   9.798265 *
   3) 发动机功率>=134 28   56.02793 13.574450
     6) 类型=Compact,Medium,Sporty 19   17.05698 12.884230 *
     7) 类型=Large,Van 9   10.80996 15.031590 *
```

从输出结果中可以看到，各节点信息按照"node), split, n, deviance, yval"的格式给出，按照节点层次以不同缩进量列出，如节点 1 缩进量最小，其次为节点 2 和节点 3，并在每条节点信息后以星号"*"标示出是否为叶节点。节点 1 为根节点，共含有 45 个样本，即全部训练样本；节点 2 和节点 3 以"发动机功率"变量为节点，以"134"为分割值划分为两个分枝，分别包含 17 个和 28 个样本；节点 6 和节点 7 以此类推。代码如下：

> printcp(Car_Reg)   #导出回归树的 cp 表格

输出结果如下：

Regression tree:
rpart(formula = formula_Car_Reg, data = Car_train, method = "anova")
Variables actually used in tree construction:
[1] 发动机功率 类型
Root node error: 224.8/45 = 4.9955
n= 45

	CP	nsplit	rel error	xerror	xstd
1	0.67098	0	1.00000	1.05094	0.163520
2	0.12527	1	0.32902	0.38584	0.064470
3	0.01000	2	0.20374	0.29079	0.050578

从输出结果可以看到，在树中用到的变量有"发动机功率"和"类型"，且各节点的 CP 值、节点序号（nsplit）、错误率（rel error）、交互验证错误率（xerror）等也被列出。其中，CP 值对于选择控制树的复杂程度十分重要。若想获得每个节点的详细信息，则可以对决策树模型 Car_Reg 使用 summary 函数体现变量重要程度（variable importance）、每个分枝变量对生成树的提升程度（improve）等重要信息：

> summary(Car_Reg)   #获取决策树 rp_Car_Reg 详细信息

输出结果如下：

Call:
rpart(formula = formula_Car_Reg, data = Car_train, method = "anova")
  n= 45

	CP	nsplit	rel error	xerror	xstd
1	0.6709828	0	1.0000000	1.0509357	0.16352035
2	0.1252731	1	0.3290172	0.3858367	0.06446963
3	0.0100000	2	0.2037440	0.2907889	0.05057849

Variable importance
发动机功率	类型	车重	价格	净马力	产地
25	20	20	13	13	8

Node number 1: 45 observations,   complexity param=0.6709828
  mean=12.14789, MSE=4.995483
  left son=2 (17 obs) right son=3 (28 obs)
  Primary splits:
      发动机功率 < 134   to the left,   improve=0.6709828, (0 missing)
      车重   < 3087.5 to the left,   improve=0.5977619, (0 missing)

```
          类型       splits as    LRRLLR,    improve=0.5748674, (0 missing)
          价格       < 9446.5 to the left,   improve=0.4725370, (0 missing)
          净马力     < 109     to the left,  improve=0.3620170, (0 missing)
      Surrogate splits:
          车重       < 2730    to the left,  agree=0.889, adj=0.706, (0 split)
          类型       splits as    RRRLLR,    agree=0.867, adj=0.647, (0 split)
          价格       < 9446.5 to the left,   agree=0.822, adj=0.529, (0 split)
          净马力     < 109     to the left,  agree=0.822, adj=0.529, (0 split)
          产地       splits as    -LRLRLRR,  agree=0.756, adj=0.353, (0 split)
```

从输出结果可以看到，满足条件的节点包括根节点在内，从 4 个增加为 7 个，依次以条件"发动机功率<134"、"价格<9446.5"等来划分分枝。且在生成树的过程中，用到了"车重""发动机功率""价格""类型"和"净马力"5 个变量，代码如下：

```
> Car_Reg2=rpart(formula_Car_Reg,Car_train, method="anova",cp=0.5)
> Car_Reg2
```

输出结果如下：

```
n= 45
node), split, n, deviance, yval
      * denotes terminal node
1) root 45 224.79670 12.147890
  2) 发动机功率< 134 17   17.93407  9.798265 *
  3) 发动机功率>=134 28   56.02793 13.574450 *
```

相较于 CP 取默认值 0.01 的决策树 Car_Reg，CP 值为 0.5 的新决策树 Car_Reg2 中包括根节点在内仅有 2 个节点，第 2 个节点的 CP 值为 0.5，该过程中仅用到了"发动机功率"这个变量。另外，也可通过剪枝函数 prune.rpart 实现同样的效果：

```
> Car_Reg3=prune.rpart(Car_Reg,cp=0.5)#对决策树 Car_Reg 按照 CP 值为 0.5 进行剪枝，新的回归树记为 Car_Reg3
> Car_Reg3   #回归树展示
```

输出结果如下：

```
    n= 45
node), split, n, deviance, yval
      * denotes terminal node
1) root 45 224.79670 12.147890
  2) 发动机功率< 134 17   17.93407  9.798265 *
  3) 发动机功率>=134 28   56.02793 13.574450 *
```

可通过深度参数 maxdepth 对所生成树进行控制。下面设置深度为 1：

```
> Car_Reg4=rpart(formula_Car_Reg,Car_train, method="anova",maxdepth=1)   #将树的深度 maxdepth 设为 1，新的回归树记为 rp_Car_Reg4
> Car_Reg4  #导出回归树 Car_Reg4 的基本信息
```

输出结果如下：

```
n= 45
node), split, n, deviance, yval
      * denotes terminal node
1) root 45 224.79670 12.147890
  2) 发动机功率< 134 17   17.93407   9.798265 *
  3) 发动机功率>=134 28   56.02793 13.574450 *
```

导出回归树 Car_Reg4 的 CP 值：

```
> printcp(Car_Reg4)
```

输出结果如下：

```
Regression tree:
rpart(formula = formula_Car_Reg, data = Car_train, method = "anova",
    maxdepth = 1)
Variables actually used in tree construction:
[1] 发动机功率
Root node error:207.05/45 = 4.6011
n= 45
       CP      nsplit   rel error   xerror    xstd
1  0.67098    0        1.00000     1.04960   0.157162
2  0.01000    1        0.32902     0.38654   0.065253
```

从输出结果中各节点输出信息的缩进量可以看出，除了根节点外，新的决策树仅有 1 个层次，这与之前通过 rpart 函数中的 cp 参数和 prune.rpart 函数调节 CP 值的效果相同。

下面用树状图建立决策树进行观察。选择参数 minsplit 为 10 来绘制决策树图形：

```
> Car_Plot=rpart(formula_Car_Reg,Car_train,method="anova",minsplit=10)
> Car_Plot
```

输出结果如下：

```
n= 45
node), split, n, deviance, yval
      * denotes terminal node
 1) root 45 224.796700 12.147890
   2) 发动机功率< 134 17   17.934070   9.798265
     4) 价格< 9702.5 9    6.158950   9.075076 *
     5) 价格>=9702.5 8    1.772687 10.611850 *
   3) 发动机功率>=134 28   56.027930 13.574450
     6) 类型=Compact,Medium,Sporty 19   17.056980 12.884230
      12) 价格< 11522 7    3.070275 12.007740 *
      13) 价格>=11522 12    5.472063 13.395520 *
     7) 类型=Large,Van 9   10.809960 15.031590 *
```

绘制决策树：

```
> library(rpart.plot)
> rpart.plot(Car_Plot)
```

输出结果如图 12.5 所示，可以看出，第 1 个节点"发动机<134"的左右分枝分别对应第 2 组和第 3 组信息，左边的节点"价格<9703"则对应第 4 节点和第 5 节点。第 1 个节点标明对应节点不等式"发动机<134"，左枝代表判断为"yes"的样本，而右枝代表判断为"no"的样本，后面的分枝同理可得。因此，从图 12.5 中可以看到模型对目标变量的预测过程。例如，图中最左枝表示：发动机功率小于 134，且价格低于 9703 美元的汽车的油耗被预测为 9.1 升/百千米。

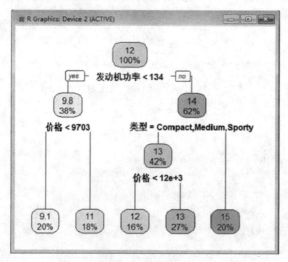

图 12.5　决策树

在分析默认参数下的 Car_Plot 决策树的最右枝含义时，仅通过树中的信息无法全部给出每个分枝的判断条件，需要额外查看数字结果。这时，就可以通过更改所绘制决策树的类型，即 type 参数来满足建模的需求。例如，令 type=4：

```
> rpart.plot(Car_Plot,type=4)
```

得到的决策树如图 12.6 所示。

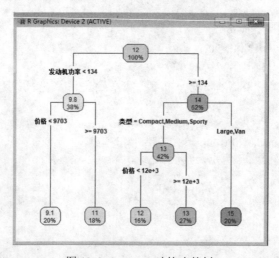

图 12.6　type=4 时的决策树

12.4.3 小结

决策树模拟了人在做决策时的思维过程。在数据挖掘过程中,决策树中标出了分枝的取值范围,以及每个节点的预测值,这种方式给决策树的使用者带来了极大的方便。如本案例所示,已知汽车的若干参数后,就可以根据这些参数的取值范围大致估计出该车的油耗值,这对要买车的人是十分有用的。

决策树的效率高,而且只需要构建一次,如果预测的最大次数不超过决策树的深度,就可以反复使用。虽然 CART 算法可以创建复杂的决策树,但是会出现过拟合问题,这就需要进行剪枝,所以其模型的泛化性不是很强。

12.5 AdaBoost 算法案例分析

12.5.1 问题描述

UCI 数据库中的 Bank Marketing 数据集来自某葡萄牙银行机构的一个基于电话跟踪的商业营销项目。该数据集收录了包括银行客户个人信息在内的与电话跟踪咨询结果有关的 16 个自变量,并包括 1 个因变量——该客户拥有银行的定期存款。Bank Marketing 数据集中的 bank.csv 数据文件是从 2008 年 5 月至 2010 年 11 月的全部 45211 条数据中抽取 10%组成的,一共有 4521 条。请对该数据集进行消费者是否拥有定期存款的分析,为银行开展相关业务提供参考依据。

12.5.2 R 语言实现过程

选用 AdaBoost 算法对 UCI 数据库中的 Bank Marketing 数据集进行分析。首先将 car.test.frame 数据集中 3/4 的样本作为训练集,剩下 1/4 的样本作为测试集;然后通过建立 AdaBoost 模型对消费者是否拥有银行的定期存款进行预测。首先探索数据集的基本特点如下:

```
> data=read.csv("E:\\数据分析\\R\\数据\\bank.csv",header=TRUE,sep=";")
#读取 bank.csv 数据文件
> summary (data)   #查看数据信息
```

输出结果如下:

age	job	marital	education
Min.: 19.00	management: 969	divorced:528	primary: 678
1st Qu.: 33.00	blue-collar: 946	married :2797	secondary:2306
Median 39.00	technician : 768	single: 1196	tertiary: 1350
Mean: 41.17	admin.: 478		unknown: 187
3rd Qu.: 49.00	services: 417		
Max.: 87.00	retired: 230		
	(Other): 713		

default	balance	housing	loan	contact
no :4445	Min.: −3313	no: 1962	no: 3830	cellular: 2896

yes:76		1st Qu.: 69		yes: 2559		yes: 691		telephone: 301
		Median : 444						unknown: 1324
		Mean: 1423						
		3rd Qu.: 1480						
		Max.: 71188						

day	month	duration	campaign
Min.: 1.00	may: 1398	Min.: 4	Min.: 1.000
1st Qu.: 9.00	jul: 706	1st Qu.: 104	1st Qu.: 1.000
Median: 16.00	aug: 633	Median: 185	Median: 2.000
Mean: 15.92	jun: 531	Mean: 264	Mean: 2.794
3rd Qu.: 21.00	nov: 389	3rd Qu.: 329	3rd Qu.: 3.000
Max.: 31.00	apr: 293	Max.: 3025	Max.: 50.000
	(Other): 571		

pdays	previous	poutcome	y
Min.: −1.00	Min.: 0.0000	failure: 490	no: 4000
1st Qu.: −1.00	1st Qu.: 0.0000	other: 197	yes: 521
Median: −1.00	Median: 0.0000	success: 129	
Mean: 39.77	Mean: 0.5426	unknown: 3705	
3rd Qu.: −1.00	3rd Qu.: 0.0000		
Max.: 871.00	Max.: 25.0000		

各变量的具体信息见表12.3。

表12.3 各变量的具体信息

序号	名称（英）	名称（中）	类型	取值范围及含义
1	age	年龄	数值	19～87
2	job	工作类型	分类	admin：行政；unknown：未知；unemployed：失业；management：管理；housemaid：客房服务；entrepreneur：企业家；student：学生；blue-collar：体力劳动者；self-employed：个体；retired：退休；technician：技术人员；services：服务业；other：其他
3	marital	婚姻状态	分类	married：已婚；divorced：离婚或丧偶；single：单身
4	education	教育程度	分类	unknown：未知；secondary：中学；primary：小学；tertiary：大学
5	default	是否无信用违约	二分	yes：是；no：否
6	balance	年均余额(欧元)	数值	−3313～71188
7	housing	是否有房贷	二分	yes：是；no：否
8	loan	是否有个人贷款	二分	yes：是；no：否
9	contact	联系方式	分类	unknown：未知；telephone：固定电话；cellular：移动电话
10	day	最近一次联系的日期	数值	1～31
11	month	最近一次联系的月份	分类	Jan：一月；feb：二月；mar：三月；…；nov：十一月；dec：十二月
12	duration	最近一次联系的持续时间(秒)	数值	4～3025
13	campaign	该次项目中联系的总次数	数值	1～50
14	pdays	最近一次联系距今的日数	数值	−1：未联系过；1～871
15	previous	该次项目之前联系的总次数	数值	0～25
16	poutcome	之前营销项目的结果	分类	unknown：未知；success：成功；failure：失败；other：其他
17	y	是否拥有银行的定期存款	二分	yes：是；no：否

表 12.3 中列出了 Bank Marketing 数据集所有特征的基本信息。接下来使用数据集 1/4 的样本作为测试集来评价分类器的性能，以下为训练集(data_train)和测试集(data_test)的构造过程：

```
> sub=sample(1:nrow(data), round(nrow(data)/4))   #随机抽取 data 四分之一样本的序号
> data_train=data[-sub,]   #将不包含在 sub 中的数据构造为训练集 data_train
> data_test=data[sub,]   #将包含于 sub 中的数据构造为测试集 data_test
```

下面使用训练集 data_train 来训练 Adaboost 模型，并用 data_test 对算法进行预测，在训练中设置迭代次数(mfinal)为 5，最终的输出结果为整体错误率、少数类错误率和多数类错误率：

```
> library(adabag)   #导入 adabag 包
> B=boosting(y~.,data_train,mfinal=5)   #建立 Adaboost 模型
> pre_B=predict(B,data_test)   #使用 Boosting 模型对测试集中目标变量的取值进行预测，记为 pre_B
> pre_B$confusion   #计算结果的混淆矩阵
```

输出结果如下：

```
              Observed Class
Predicted Class    no   yes
           no    972    60
           yes    49    49
> sub_minor=which(data_test$y=="yes") #查找 y=="yes"序号
> sub_major=which(data_test$y=="no") #查找 y=="no"序号
> err_B=sum(pre_B$class!=data_test$y)/nrow(data_test)   #计算总体的错误率
>err_minor_B=sum(pre_B$class[sub_minor]!=data_test$y[sub_minor])/length(sub_minor)
#计算少数类"yes"的错误率 err_minor_B
>err_major_B=sum(pre_B$class[sub_major]!=data_test$y[sub_major])/length(sub_major)
#计算多数类"no"的错误率 err_major_B
> err_B; err_minor_B; err_major_B
```

误差如下：

[1] 0.09026549, 0.5932203, 0.03162055

通过上面的挖掘过程可以看到，Adaboost 模型总的错误率约为 0.0902，多数类"no"的错误率为 0.0316，但是少数类"yes"的错误率却高达 0.5932，这是数据的不平衡性造成的。

12.5.3 小结

AdaBoost 算法是基于若干分类器的一种集成分类算法，该算法在构建基分类器的过程中，会根据上一个基分类器预测结果来自行调整本次基分类器的构造权重。输入数据之后，通过加权向量进行加权，在每轮的迭代过程中都会基于弱分类器的加权错误率更新权重，继而进行下一次迭代。简单来讲，如果在上次基分类器的预测中某样本被错误

地分类,那么这次基分类器的训练样本就会被赋予较大的权重,由此来提高这个样本能够被正确分类的概率。显然,这两点的结合是 AdaBoost 算法的优势所在。

12.6 SVM 算法案例分析

12.6.1 问题描述

UCI 中的 Iris 数据集描述的是 3 种类别鸢尾花所具有的一些特征。其中,特征 Species 是样本的标签属性,其他属性分别有 Sepal.Length、Sepal.Width、Petal.Length 及 Petal.Width,每类花的样本均为 50 个。请根据这 4 个属性预测鸢尾花属于 3 个种类(Setosa、Versicolour、Virginica)中的哪类。

12.6.2 R 语言实现过程

选用 SVM 算法,通过对 UCI 数据库中的 Iris 数据集建立 SVM 模型,对 3 种类别鸢尾花的样本进行多分类预测。首先,加载 e1071 包、数据集 Iris,并探索数据集的基本特点:

```
> library(e1071)      #加载 e1071 包
> data(iris)          #加载 Iris 数据集
> summary(iris)       #查看 Iris 数据集
```

输出结果如下:

Sepal.Length	Sepal.Width	Petal.Length	Petal.Width
Min.: 4.300	Min.: 2.000	Min.: 1.000	Min.: 0.100
1st Qu.: 5.100	1st Qu.: 2.800	1st Qu.: 1.600	1st Qu.: 0.300
Median: 5.800	Median: 3.000	Median: 4.350	Median: 1.300
Mean: 5.843	Mean: 3.057	Mean: 3.758	Mean: 1.199
3rd Qu.: 6.400	3rd Qu.: 3.300	3rd Qu.: 5.100	3rd Qu.: 1.800
Max.: 7.900	Max.: 4.400	Max.: 6.900	Max.: 2.500

```
       Species
setosa:50
versicolor:50
virginica:50
```

根据 svm 函数的使用格式,在进行建模时应首先确定所建立的模型所使用的数据,然后确定所建立模型的结果变量和特征变量。代码如下:

```
> m=svm(Species~.,data=iris)   #以 Species 为标签,建立 SVM 模型
> m       #模型结果
```

输出结果如下:

Call:

```
svm(formula = Species ~ ., data = iris)
Parameters:
   SVM-Type:C-classification
 SVM-Kernel:radial
       cost:1
       gamma:0.25
Number of Support Vectors:51
```

在使用 svm 函数建立模型时，使用"Species~."，对除 Species 外所有的特征变量进行建模。模型中的"."可以代替全部特征变量。

还可以使用 svm 函数的第二种格式建立模型，在使用前首先提取结果变量和特征变量。结果变量用一个向量表示，而特征变量用一个矩阵表示：

```
> x=iris[,-5]
> y=iris[,5]
```

在确定好结果变量和特征变量后，还要指定 svm 函数所使用的核函数及核函数所对应的参数值，通常默认使用高斯内积函数作为核函数。具体代码如下：

```
> m=svm(x, y, kernel ="radial",gamma=if(is.vector(x))1 else 1/ncol(x))
```

输出结果如下：

```
Call:
svm.default(x = x, y = y, kernel = "radial", gamma = if (is.vector(x)) 1 else 1/ncol(x))
Parameters:
   SVM-Type:C-classification
 SVM-Kernel:radial
       cost:1
       gamma:0.25
Number of Support Vectors:51
```

从上面的结果可以看到，两种形式所建的模型是一样的。在使用第二种 svm 函数形式建立模型时，不需要特别强调所建立模型的形式，函数会自动输入建立模型所需要的特征变量。在上述过程中，确定核函数 gamma 时所使用的 R 语言代表的含意为：如果特征变量是向量则 gamma 值取 1；否则，gamma 值为特征变量个数的倒数。

通过 summary 函数可以得到关于模型的相关信息：

```
> summary(model)  #查看m模型的相关结果
Call:
svm.default(x = x, y = y, kernel = "radial", gamma = if (is.vector(x)) 1 else 1/ncol(x))
Parameters:
   SVM-Type:C-classification
 SVM-Kernel:radial
       cost:1
```

```
             gamma:0.25
   Number of Support Vectors:51
    ( 8 22 21 )
   Number of Classes:3
   Levels:
    setosa versicolor virginica
```

模型的相关参数及其意义见表 12.4。

表 12.4 summary 函数查看到模型的相关参数及其意义

参 数 名	意 义
SVM-Type	说明本模型是 C 分类器模型
SVM-Kernel	模型所使用的核函数为高斯内积函数
cost	惩罚参数值为 1
gamma	核函数中的参数值为 0.25
Levels	类别分别为 setosa、versicolor、virginica

从输出结果中可以看到，SVM 模型找到了 51 个支持向量：setosa 类具有 8 个支持向量；versicolor 类具有 22 个支持向量；virginica 类具有 21 个支持向量。模型建立的目的是进行预测和判别。在利用 svm 函数建立的模型进行预测时，在 R 软件中有自带的 predict 函数对模型进行预测，具体代码如下：

```
> pred=predict(m,x)           #根据模型 m 对数据 x 进行预测
> pred[sample(1:150,8)]       #随机挑选 8 个预测结果进行展示
```

输出结果如下：

```
    85         111         89          70          55         113         19         145
versicolor  virginica  versicolor  versicolor  versicolor  virginica   setosa    virginica
Levels:setosa versicolor virginica
```

在进行数据预测时，需要注意的是，必须保证预测的特征变量维数与预测所需的特征变量维数一致，否则将无法预测结果。通过上述预测结果可以看到，predict 函数在预测时能够自动识别预测结果的类型，并自动生成了相应的类别名称。在预测完成之后，可以利用 table 函数对预测结果和真实结果进行对比，代码如下：

```
> table(pred,y)  #预测结果的混淆矩阵
```

输出结果如下：

pred	setosa	versicolor	virginica
setosa	50	0	0
versicolor	0	48	2
virginica	0	2	48

通过观察以上结果可以看到，在模型预测时，setosa 类的花全部预测正确，但 versicolor 和 virginica 类各有两支花被分错。由此可知，SVM 模型并没有 100%的预测精

度。针对这种情况,可以通过改变模型类别的权重对数据进行调整,即降低类别 setosa 在模型中的权重(适当牺牲类别 setosa 的精度)来提高另外两个类别的权重。在 R 软件中,可以通过 svm 函数中的 class.weights 参数实现权重的调整,具体代码如下:

```
> wts=c(1,1,1)                                    #确定模型各类别的权重为1:1:1
> names(wts)=c("setosa","versicolor","virginica")
                                                  #确定各权重对应的类别
> model1=svm(x,y,class.weights=wts)               #使用权重 wts 建模
```

当模型类别的权重为 1:1:1 时,模型是最原始的。下面适当改变各类别的权重,观察对模型的预测精度产生的影响。首先将类别的权重设置为 1:100:100,具体代码如下:

```
> wts=c(1,100,100)                                #确定模型各类别的权重为1:100:100
> names(wts)=c("setosa","versicolor","virginica") #给对应权重命名
> m2=svm(x,y,class.weights=wts)                   #使用权重 wts 建模
> p2=predict(m2,x)                                #对 x 进行预测
> table(pred2,y)                                  #预测结果的混淆矩阵
```

输出结果如下:

p2	setosa	versicolor	virginica
setosa	50	0	0
versicolor	0	49	1
virginica	0	1	49

观察输出结果发现,提高 versicolor 和 virginica 的权重对模型的预测精度能够产生正向的影响。

再将二者的权重扩大为 500,具体代码如下:

```
> wts=c(1,500,500)
> names(wts)=c("setosa","versicolor","virginica")
> m3=svm(x,y,class.weights=wts)
> p3=predict(m3,x)
> table(pred3,y)
```

输出结果如下:

p2	setosa	versicolor	virginica
setosa	50	0	0
versicolor	0	50	0
virginica	0	0	50

由此可见,调整权重之后,建立的模型将所有样本预测正确。因此,在实际构建模型的过程中,在必要的时候可以通过改变各类样本的权重来提高模型的预测精度。

在建立 SVM 模型之后,还需要进一步分析模型,使模型可视化。可用 R 软件自带的 plot 函数对模型进行可视化绘制。

首先,利用 plot 函数对模型进行可视化,具体代码如下:

```
>plot(cmdscale(dist(iris[,-5])),col=c("blue","black","red")[as.integer(iris[,5])],pch= c("o","+")[1:150 %in% model$index+1])   #SVM 分类作图
```

```
> legend(2,-0.8,c("setosa","versicolor","virginica"),col=c("blue",
"black","red"),lty=1)
```

可视化结果如图12.7所示。其中,"+"表示支持向量,"0"表示普通样本点。

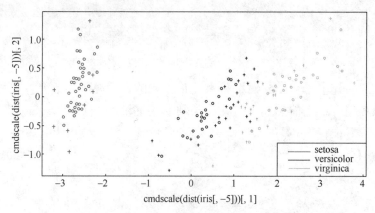

图12.7　plot函数对模型进行可视化的结果

由图12.7中可见,setosa类同其他两类区别较大,而versicolor类和virginica类却相差很小,存在交叉,难以区分。这也解释了在模型预测过程中出现的问题——versicolor类和virginica类出现预测错误的原因。plot函数还可以从其他角度对SVM模型进行可视化分析,具体代码如下:

```
> data(iris)
> model=svm(Species~.,data=iris)
> plot(model,iris,Petal.Width~Petal.Length,fill=FALSE,symbolPalette=
c("blue", "black", "red"), svSymbol="+")
                    #绘制模型类别关于花瓣宽度和长度的分类情况
> legend(2,-0.8,c("setosa","versicolor","virginica"),col=c("blue",
"black","red"),lty=1)
```

可视化结果如图12.8所示。

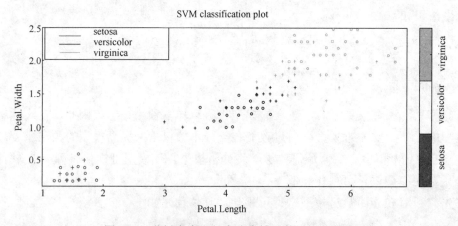

图12.8　花瓣宽度和长度分类情况的可视化结果

图 12.8 所示是 SVM 模型关于花瓣宽度和长度对模型分类影响的可视化图形，可以得到与图 12.7 相同的结论：setosa 类和其他两个类相差较大，而 versicolor 类和 virginica 类相差较小。可以看出，virginica 类的花瓣宽度和长度总体上大于其他两个类，versicolor 类处于居中位置，而 setosa 类的花瓣宽度和长度都比另外两个类小。

12.6.3　小结

SVM 算法是一种监督学习的机器学习方法，主要研究二分类和回归问题。近十几年来，SVM 算法的研究十分火热，因为其具有分类精度高、泛化能力强等特点。目前，该算法已经被广泛应用在医疗诊断、文本分类和图像识别等领域。

虽然 SVM 算法具有较好的分类效果，但依旧存在一些问题，如核函数的选择问题、参数的选择问题等。

目前，利用 SVM 算法研究二分类问题具有较好的效果，对于多分类问题则效果略差，因此多分类问题也是 SVM 算法研究的一个重要方向。